FREE FONT

GUIDE BOOK

フリーフォント便利帳

同人制作・ノンデザイナー
のための
フォント入門TIPS

contents

FREE
FONT
GUIDE BOOK

フリーフォント
便利帳
同人制作・
ノンデザイナーのための
フォント入門TIPS

ダウンロードデータについて

　下記 URL のダウンロードページから、本書に掲載されているフリーフォント（再配布禁止のものを除く）、およびフォント配布元のリンク集（PDF）がダウンロードできます。ご利用の際は「はじめにお読みください.txt」ファイルを必ず先にお読みください。

※ダウンロードデータに含まれるすべてのデータは著作物です。収録されているフォントに関する著作権は、それぞれの製作者が保有しています。本ダウンロードデータをそのまま各種ネットワークやメディアを通じて他人へ譲渡・販売・配布することや、印刷物・電子メディアへの転記・転載することは、法律により禁止されています。

※収録、掲載されているフォントの利用については、それぞれの著作権者が定める規約を遵守してください。

※ダウンロードデータを実行したことによる結果については、著者、ソフトウエア制作者および株式会社エムディエヌコーポレーションは、一切の責任を負いかねます。お客様の責任においてご利用ください。

https://books.mdn.co.jp/down/3222103042/

FREE
FONT
GUIDE BOOK

1

How to Use
FREE FONT?

フリーフォントの使い方 基礎

フォントとは

フォントと書体

　現在、「フォント」も「書体」もほぼ同じ意味で使われますが、厳密には「フォント」といえば、デジタル化した書体（＝デジタルフォント）で、同じサイズ・デザインの文字データの集まりのことを指します。

　また、同じデザインのフォントでも、線の太さ（「ウェイト」という）による違いがあります。現在では、ひとつひとつをフォントと呼ぶのに対し、ウェイトの違うフォントをまとめて「書体」と呼ぶことが多いようです。

　例えば、商用印刷最大手のモリサワが提供するフォント「リュウミン」には、ウェイトの違いで 8 種類のフォントがあります。これでいえば、「リュウミン L-KL」「リュウミン R-KL」などのひとつひとつが「フォント」、「リュウミン」全体が「書体」ということになります。

リュウミン　（書体）

リュウミン L-KL　　ライト

リュウミン R-KL　　レギュラー

リュウミン M-KL　　ミディアム

リュウミン B-KL　　ボールド

リュウミン EB-KL　エクストラボールド

リュウミン H-KL　　ヘビー

リュウミン EH-KL　エクストラヘビー

リュウミン U-KL　　ウルトラ

ウェイトの違いに
よる
8種類のフォント

フォントの種類

　フォントには、アルファベットや数字、記号がセットになった「欧文フォント」と、日本語のひらがなやカタカナ、漢字がセットになった「和文フォント」があります。和文フォントには、アルファベットや数字、記号もセットに含まれているのが一般的です。

　欧文フォントは、デザインの違いで大きく「セリフ体」と「サンセリフ体」の2種類に分けられます。セリフ体は、和文フォントでいう「明朝体」、サンセリフ体は、和文フォントでいう「ゴシック体」にあたります。

　一方、「セリフ体（明朝体）」と「サンセリフ体（ゴシック体）」の両方の特徴を持っていたり、どちらからもかけ離れたデザインの書体などを、本書ではまとめて「デザイン書体」と呼んでいます。

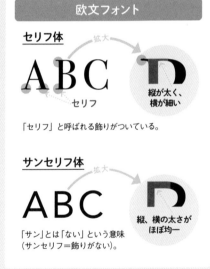

欧文フォント

セリフ体

ABC ｜ 拡大 → D 縦が太く、横が細い

セリフ

「セリフ」と呼ばれる飾りがついている。

サンセリフ体

ABC ｜ 拡大 → D 縦、横の太さがほぼ均一

「サン」とは「ない」という意味
（サンセリフ＝飾りがない）。

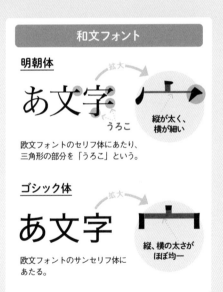

和文フォント

明朝体

あ文字 ｜ 拡大 → 縦が太く、横が細い

うろこ

欧文フォントのセリフ体にあたり、三角形の部分を「うろこ」という。

ゴシック体

あ文字 ｜ 拡大 → 縦、横の太さがほぼ均一

欧文フォントのサンセリフ体にあたる。

デザイン書体

ABCDEFGHIJKLMNOP
Shlop

ABCDEFGhijklmnop
Anja Eliane accent

愛のあるユニークで豊かな書体
かなりあ

愛のあるユニークで豊かな書体
ふい字

フォントの選び方

明朝体とゴシック体

　フォントの選び方は、何をつくるかによって変わってきます。明朝体とゴシック体で比較すれば、一般的に明朝体のほうが線が細く空白部分も大きいため、サイズの小さい文字でも読みやすく、長い文章にも適しています。

　一方、ゴシック体は太さが均一なので、視認性に優れており、遠くから見ても目立つため、看板などによく使われます。また、太いゴシック体はインパクトや力強い印象を出しやすく、見出しやコピーなどに使うと効果的です。

　デザイン書体も、コピーなどでパッと印象づけることには向いていますが、長い文章にすると読みづらいフォントが多いので、注意しましょう。

明朝体

コピーは短く目立つように！

ゴシック体

コピーは短く目立つように！

明朝体

　明朝体は、長い文章に適しています。ゴシック体でも、線の細いフォントであれば問題ありませんが、線が太いと「薔薇」みたいに画数の多い文字がつぶれてしまうため、長い文章には適していません。

ゴシック体

　明朝体は、長い文章に適しています。ゴシック体でも、線の細いフォントであれば問題ありませんが、**線が太いと「薔薇」みたいに画数の多い文字がつぶれてしまうため、長い文章には適していません。**

サイズと字間・行間

　適切なフォントのサイズは、作成するものによって変わりますが、例えば A4 の資料であれば、9 〜 12pt が読みやすいとされています。同時に、忘れてはいけないのが字間と行間です。長い文章の場合、同じサイズのフォントでも、字間と行間の違いによって、びっくりするくらい読みやすさが変わりますので、いろいろ試してみましょう。

字間の違い

読みやすい😊 字間の違いによって、読みやすさも印象も変わります。

読みづらい😵 字間の違いによって、読みやすさも印象も変わります。

読みやすい😊 字間の違いによって、
読みやすさも印象も変わります。

読みづらい😵 字間の違いによって、
読みやすさも印象も変わります。

読みづらい😵 字間の違いによって、読みやすさも印象も変わります。

読みやすい😊 字間の違いによって、読みやすさも印象も変わります。

行間の違い

読みやすい😊 行間の違いによって、読みやすさも印象も変わります。特に 1 行を長く組んだレイアウトの場合は、行間を広めに空けたほうが読みやすいです。

読みづらい😵 行間の違いによって、読みやすさも印象も変わります。特に 1 行を長く組んだレイアウトの場合は、行間を広めに空けたほうが読みやすいです。

読みやすい😊 行間の違いによって、読みやすさも印象も変わります。特に 1 行を長く組んだレイアウトの場合は、行間を広めに空けたほうが読みやすいです。

読みづらい😵 行間の違いによって、読みやすさも印象も変わります。特に 1 行を長く組んだレイアウトの場合は、行間を広めに空けたほうが読みやすいです。

読みづらい😵 行間の違いによって、読みやすさも印象も変わります。特に 1 行を長く組んだレイアウトの場合は、行間を広めに空けたほうが読みやすいです。

読みやすい😊 行間の違いによって、読みやすさも印象も変わります。特に 1 行を長く組んだレイアウトの場合は、行間を広めに空けたほうが読みやすいです。

ファイル形式と 混植・合成フォント

TrueType と OpenType

現在、フォントのファイル形式は主に「TrueType（トゥルータイプ）」と「OpenType（オープンタイプ）」の2種類があります。それぞれの特徴は以下の通りです。

TrueType フォント

● Microsoft と Apple が共同で開発

● 歴史が古く、広く普及しているフォント形式

● Windows でも Mac でも使用できるが、互換性はない

例えば Windows で TrueType フォントを使って作成したドキュメントを Mac で開くときは、文字化けが発生したり、書体の置き換えが必要になったりする

拡張子

「.ttf」※・・・ 単体のフォントデータ

「.ttc」・・・ 複数の類似のフォントデータを1つのファイルにまとめたもの

OpenType フォント

● Adobe と Microsoft が共同で開発

● TrueType フォントと Adobe の PostScript フォントの技術を統合した新しいフォント形式

● Windows-Mac 間で互換性がある

拡張子

「.otf」・・・単体のフォントデータ（PostScript フォントベース）

「.ttf」※・・・単体のフォントデータ（TrueType フォントベース）

「.ttc」
「.otc」}・・複数の類似のフォントデータを1つのファイルにまとめたもの

※ OpenType フォントでも、TrueType フォントベースでつくられたものは「.ttf」の拡張子になるため、この拡張子だけではどちらのフォントか区別がつかない。

混植と合成フォント

「混植」とは、2種類以上のフォントを使って文字組みをすることです。タイトルのデザインで、1文字ずつ別のフォントを使用したり、本文でよく見るのは、日本語は和文フォント、英数字は欧文フォントで組み合わせたりするのも混植です。漫画のセリフなども、一般的に漢字はゴシック体、かなは明朝体の混植になっています。

長い文章になると、その都度フォントを指定して混植するのは手間がかかりますが、「InDesign」や「Illustrator」「CLIP STUDIO PAINT」といったソフトには、「合成フォント」という機能が搭載されています。この機能を使うことで、混植を1つのフォントとして扱うことが可能です。また、「源暎アンチック」のように、最初から漢字部分はゴシック体、かな部分が明朝体になっているフォントなどもあります。

よくある混植の組み合わせ

▶▶ **漢字をゴシック体のフォント＋**
かな文字を明朝体のフォントで混植

例 [漢字] 源の角ゴシック＋ [かな] 源の明朝

源真ゴシック **漢画でよく** 源の明朝
使われるよ！

▶▶ **日本語を和文フォント＋**
英数字を欧文フォントで混植

例 [漢字・かな] 源の角ゴシック＋ [英数字] Reross

Reross **Adobe の InDesign を使えば、** 源真ゴシック

「合成フォント」で簡単に混植できます。

フリーフォントの使い方

フリーフォントとは

　フリーフォントとは、無料で利用できるフォントのことです。ただ、ひとくちに「無料で利用できる」といっても、個人利用・商用利用ともにOKなものから、個人利用のみ OK なもの、同人活動のみ商用利用 OK なものなど、さまざまです。

　また、商用利用 OK でも「著作権フリー」とは限らないことも注意しましょう。フリーフォントでも著作権は保持し、フォントの加工や再配布などを禁じているものが多いので、フォント制作者のサイトや、フォントデータと一緒に同梱されているファイルなどに書かれている「利用規約」を必ず参照し、規約にもとづいて使用するようにしてください。

個人利用

営利目的ではない使い方のこと

　一般的には、商取引が発生しないSNS やブログ記事で使うのは個人利用にあたります。
　ただし、ブログ記事でも、アフィリエイトなどによって利益が出るしくみがある場合は、注意が必要です。

商用利用

営利目的で使用すること

　企業サイトでの使用や、フォントを使用した作品をネットにアップして販売するなどの行為は、商用利用にあたります。同人活動も商取引が発生するため、「個人利用のみ OK」とする場合は、基本的に NG です。

フリーフォントとオープンソースフォント

　オープンソースフォントとは、フォントを作成・編集するためのファイルが公開されていて、無料でファイルを入手できるフォントのことです。基本的に、自由に改変・再配布することが認められています。日本語のオープンソースフォントとして、Adobe が Google と共同開発した「源ノ角ゴシック」や、IPA（情報処理推進機構）による「IPA フォント」などが有名です。オープンソースフォントをもとに、新しいフリーフォントが数多く開発されています。

フリーフォントの使用方法

　フリーフォントは、自分が何に使うのか、目的をはっきりさせたうえで、利用規約を確認してください。問題がなければ、以下の手順でダウンロードし、使用するパソコンにインストールしましょう。

01 フォントのダウンロードサイトにアクセスし、利用規約を確認。問題なければ、フォントをダウンロードする。

02 （通常は圧縮されている）ファイルを解凍し、フォルダ内にある「Readme」や「Licence」などのテキストファイルやhtmlファイルを確認する。

※本書で紹介しているフォントについては、P4参照

03 解凍したフォルダ内にあるフォントファイルをダブルクリックし、インストールする。

Windowsの場合

フォントファイルをダブルクリックすると、「Windowsフォントビューアー」が起動するので、「インストール」をクリックする。

Macの場合

フォントファイルをダブルクリックすると、「Font Book」が起動するので、「インストール」をクリックする。

※画面は「バナナスリップplus」（P48）をインストールしたときのもの。OSやフォントのバージョンにより、表示が異なる場合があります。

プロポーショナルフォントと等幅フォント

Windows ユーザーであれば、標準搭載されている「MS Pゴシック」や「MSP明朝」をよく使うと思いますが、「P」とはどういう意味かご存じでしょうか？これは「プロポーショナルフォント」(可変幅フォント) であることを示しており、文字幅が個別に設定されているフォントです。一方、文字幅が固定で設定されているフォントを「等幅フォント」（固定幅フォント）といいます。ちなみに、「P」のついていない「MSゴシック」や「MS明朝」は等幅フォントになります。プロポーショナルフォントを使えば、文字ごとに適した幅が設定されているため、字間の調整をしなくても読みやすい文章になります。ただし、行によって文字数がそろわないため、1行に入力する文字数をそろえたい場合や、数字の桁数などを合わせたい場合には不向きです。

ここで、プロポーショナルフォントの「BIZ UDPゴシック」と、等幅フォントの「BIZ UDゴシック」で比較してみましょう。

Hello! Everyone.　　　BIZ UDP ゴシック
└──┘←幅が異なる

Hello! Everyone.　　　BIZ UD ゴシック
└──┘←幅が固定

トマト：180円
みかん：298円　　　BIZ UDP ゴシック

トマト：１８０円
みかん：２９８円　　　BIZ UD ゴシック

プロポーショナルフォントの場合、「l」や「1」など横幅の細い文字ほど、字間がつまることがわかると思います。制作する内容に応じて、うまく使い分けてみてください。

FREE FONT
GUIDE BOOK

2

\ Let's Try
FREE FONT! /

実際に使ってみよう　応用

本文に使ってみよう！

「邪魔しない」フォント選び

　それでは、実際に本文にフリーフォントを使ってみましょう。

　ひと口に　「本文」といっても、ジャンルや目的、体裁などによってさまざまですが、小説などの長い文章の場合は「読みやすい」ことが大事です。長く読んでも目が疲れづらかったり、読みたい気持ちを邪魔したりしないフォントを選びましょう。P8 でも紹介しましたが、太いゴシック体や派手なデザイン書体などは避けたほうが無難です。また、サイズや字間・行間に気を配ることもすでに述べたとおりです。

　そのうえで、作品世界に合ったフォントを探してみましょう。同じ小説でも、フォントの違いによって読み手が受ける印象はだいぶ異なります。たとえば、筆のタッチが残るような書体を使うと、和のイメージやクラシックなイメージを与えます。逆にシャープなデザインの書体では、モダンなイメージになるでしょう。作品イメージに合わせて、ぜひいろいろな書体を試してみてください。

源真ゴシック Medium	源柔ゴシック Medium	源暎こぶり明朝 v6	源暎ちくご明朝 v3
あのイーハトーヴォのすきとおった風、夏でも底に冷たさをもつ青いそら、うつくしい森で飾られたモリーオ市、郊外のぎらぎらひかる草の波。	あのイーハトーヴォのすきとおった風、夏でも底に冷たさをもつ青いそら、うつくしい森で飾られたモリーオ市、郊外のぎらぎらひかる草の波。	あのイーハトーヴォのすきとおった風、夏でも底に冷たさをもつ青いそら、うつくしい森で飾られたモリーオ市、郊外のぎらぎらひかる草の波。	あのイーハトーヴォのすきとおった風、夏でも底に冷たさをもつ青いそら、うつくしい森で飾られたモリーオ市、郊外のぎらぎらひかる草の波。

読んでて違和感がない、ベーシックな書体

蜜柑

芥川龍之介

或曇つた冬の日暮である。私は横須賀発上り二等客車の隅に腰を下して、ぼんやり発車の笛を待つてゐた。とうに電燈のついた客車の中には、珍しく私の外に一人も乗客はゐなかつた。外を覗くと、うす暗いプラツトフオムにも、今日は珍しく見送りの人影さへ跡を絶つて、唯、檻をりに入れられた小犬が一匹、時々悲しさうに、吠え立ててゐた。これらはその時の私の心もちと、不思議な位似つかはしい景色だつた。

はんなり明朝

蜜柑

芥川龍之介

或曇つた冬の日暮である。私は横須賀発上り二等客車の隅に腰を下して、ぼんやり発車の笛を待つてゐた。とうに電燈のついた客車の中には、珍しく私の外に一人も乗客はゐなかつた。外を覗くと、うす暗いプラツトフオムにも、今日は珍しく見送りの人影さへ跡を絶つて、唯、檻をりに入れられた小犬が一匹、時々悲しさうに、吠え立ててゐた。これらはその時の私の心もちと、不思議な位似つかはしい景色だつた。

源柔ゴシック Medium

純文学（上）とラノベ（下）を、それぞれ別のフォントで入力したもの

同じ作品でも、フォントの違いによって受ける印象はだいぶ異なります。

サステナブル・エンド

架空タツヤ

王都・ライアーシティにそびえる塔の前で、俺はその男の話を聞いていた。
「なあ、いいか？ ここはサステナブルな世界なんだ。たとえ世界が終わっても、持続可能なんだよ。何度でも繰り返せる。持続可能な世界なんだ」
男の言っている意味は、俺にはさっぱりわからなかった。持続可能な世界——そんなものが、果たして存在するとは思えなかったし、俺の世界はすでに終わっていた。

霧明朝 Regular

サステナブル・エンド

架空タツヤ

王都・ライアーシティにそびえる塔の前で、俺はその男の話を聞いていた。
「なあ、いいか？ ここはサステナブルな世界なんだ。たとえ世界が終わっても、持続可能なんだよ。何度でも繰り返せる。持続可能な世界なんだ」
男の言っている意味は、俺にはさっぱりわからなかった。持続可能な世界——そんなものが、果たして存在するとは思えなかったし、俺の世界はすでに終わっていた。

源真ゴシック Light

役割の異なる文字要素を別のフォントで

　雑誌の誌面などをつくるときは、フォントの役割はさらに大きくなります。

　下図のように、本文以外にも各見出しやキャプション、ツメなど、役割の異なる文字要素が増えるため、それぞれに何のフォントを選択するかで、誌面の読みやすさや読者に与える印象が変わります。本文を明朝体にする場合は見出しをゴシック体に、本文を縦組みにする場合はリードや写真キャプションを横組みにすることが多いです。これは、特に決まりがあるわけではなく、大きな文字のかたまり（＝本文）の中に、別の役割を持つ文字のかたまり（＝見出しやキャプションなど）が存在する場合、読みやすい誌面にしようとするとそうなりやすいのです。見出しも、大・中・小とあれば、すべてゴシック体にするのではなく、デザイン書体を使ってみたり、太めの明朝体を使ってみるのもよいでしょう。

　誌面全体のバランスを見て、読みやすく、また読者に内容が伝わりやすいようにフォントを選択する必要があります。ぜひいろいろなフォントを組み合わせて、誌面づくりを楽しんでみてください。

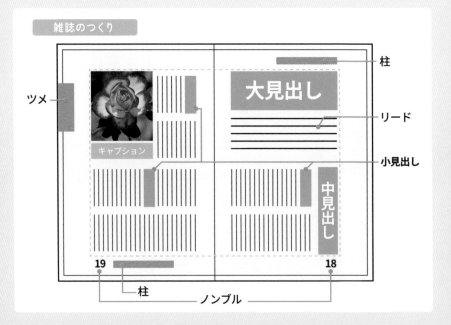

雑誌のつくり

柱

ツメ

大見出し

キャプション

リード

小見出し

中見出し

19　　18

柱

ノンブル

写真キャプションは、本文より写真との余白を狭くし、行間も本文より狭くしたほうが読みやすい

酒癖の悪い父のもとで音楽のスパルタ教育

ベートーヴェンは17
70年、神聖ローマ帝
国ケルン大司教領のボン
で生まれます。優れた宮
廷音楽家として知られ、
父ヨハンも宮廷歌手でし
た。ベートーヴェンは父

からピアノの手ほどきを
受けますが、父は酒癖
も素行も悪い人でした。
祖父の遺した遺産をほ
とんど浪費してしまう
と、ベートーベンの才能
をあてにし、虐待ともい
えるほどの音楽のスパル
タ教育を始めます。そ
の結果、一時は音楽に
対してひどい嫌悪
感を抱くほどにも
なってしまいます
が、10歳のときに
師事した作曲家で
ありオルガニスト
のネーフェとの出
会いは、ベート
ヴェンの人生に光
をもたらします。

憧れのモーツァルトに
会いにくかっ
た。

1787年、ベートーベ
ンはかねてから憧れを抱
いていたモーツァルトに
会うために、ウィーンへ
旅立ちます。しかし、ほ
どなく母危篤の知らせ
を受け、ボンに戻らざる
をえなくなります。そこ
でベートーヴェンを待つ
ていたのは、アルコール依
存症になった父でした。

ベートーヴェンは、12歳
で作曲した『ドレスラー
の行進曲による9つの変
奏曲』の楽譜が出版さ
れ、その後、選帝侯に
も認められて宮廷礼拝
堂オルガン奏者となり
ます。この頃には、人々
から「天才」 とささや
かれるようになりまし

Ludwig van Beethoven
1770-1827

孤高の大作曲家
ルートヴィヒ・ヴァン・ベートーヴェン

リードは、記事本文につなげる導入の文章。
短く簡潔に、興味をひく文章でまとめましょう。
数行程度に押さえたほうが、見た目のバランス
もよいです。

余白も有効に利用すると見やすくなります

複数の写真をまとめて、ひとつのキャプで説明してもよいです

牡蠣と豆腐のトウチ炒め

こういうレイアウトのときは、キャプションを縦横まぜてもOK！

みんなで行こう！
アジアグルメ旅
台湾編

長い本文より
も、写真と短い
キャプションを主
体にしたレイア
ウトです。こう
したグルメ系記
事の料理写真な

どは、できるだ
け写真を大きく
見せられるよう、
断ち落とし（誌
面いっぱいのフチ
まで有効に使い
ましょう。

漫画のセリフに使ってみよう!

シーンや感情に応じてルールを決める

　基礎編でも述べましたが、漫画のセリフは通常、「漢字はゴシック体、かな文字は明朝体」を基本にします。商業誌と比べて「なんとなくフォントが素人っぽく見える」ときは、この混植をすることで解消されることが多いです。

　また、漫画のセリフはキャラクターの状況やシーン、感情などに応じて、さまざまなフォントやサイズが使われますが、一定のルールを設けて使い分けることが大事です。たとえば、「基本の会話はフォントA、モノローグではフォントBをつかう」などです。

基本のフォントは、「漢字をゴシック体、かな文字を明朝体」にする。

行数は1〜4行くらいが読みやすい。多くても5行くらいにおさめたい。

漫画のセリフはこんなふうにレイアウトすると読みやすい

一行の文字数が長いと読みにくくなる。できるだけ8文字くらいにおさめる。

行間は、文字の大きさの4分の1の幅を空けるとよい。

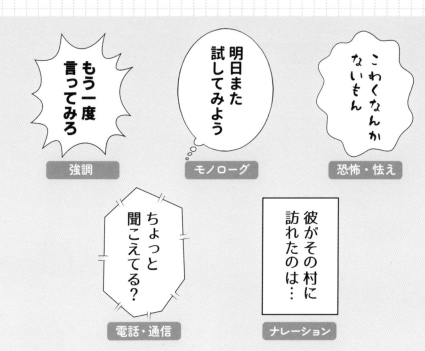

もう一度
言ってみろ

強調

明日また
試してみよう

モノローグ

こわくなんか
ないもん

恐怖・怯え

ちょっと
聞こえてる？

電話・通信

彼がその村に
訪れたのは…

ナレーション

シーン別の使用フォントの例

基本の会話	源暎アンチック
モノローグ	源柔ゴシック
ナレーション	ロゴたいぷゴシック７
強調	源暎Nuゴシック
回想	やさしさアンチック
電話・通信	源瑛ラテゴ

感情別の使用フォントの例

嬉しい	源暎ぽっぷる
好き	りいポップ角
怒り	源暎Nuゴシック 851チカラツヨク
哀しい	焔明朝 はんなり明朝
恐怖・怯え	851チカラヨワク ふぉんとうは怖い明朝体

実際の漫画に入れてみよう！

　漫画のセリフを入れるときは、１コマだけで考えずに、全体でバランスをとりましょう。フォントのサイズも、フキダシにあわせてすべて大きさを変えるのではなく、基本サイズを小・中・大・特大の４種類くらいにしぼったほうがきれいに見えます。

手書きっぽい書体を使い、書き文字のように表現することもできる。

心の中で考えたセリフと実際に声に出したセリフでフォントを変える。

必殺技は、太いフォントで
さらにサイズも大きく
目立たせる。

モノローグのフォントは、基本の
フォントと変える（ここでは源暎
ラテゴを使用）。

上段のモノローグよりもフォント
サイズを大きく、黒バックでも読
みやすいように白フチをつける
（白抜きにしてもOK）。

変わったフォントも効果的に使おう！

シーンや感情に応じて、使うフォントを整理したほうが「プロっぽく」見えますが、ここぞというときは特徴的なフォントを使うと印象に残ります。フリーフォントにも、一風変わったフォントがたくさんありますから、キャラクターやシーンに合わせて使ってみましょう。

なんで
風邪なんか
引くんですか
ティラノゴチ

情けないって
いわないで
泣いちゃうよ
851 チカラヨワク

大丈夫！？
心配だお
りいポップ角

元気ない声だけど、
何かあったの？
ぱぐのみんちょ

しろくまフォント

そんなこと
言われても・・・
いろはまる

うまーーい
やすーーい！
ぽーら

昨日の夜、
電話がかかって
きたのですが・・・
黒薔薇シンデレラ

いつも
ありがとう！
金畫字

え！？
mini-わくわく

ココは
オデ達の
縄張りだ！！
それ以上
立ち入るなら
命はナイものと思え！
ラノベPOP

大好きって
こと！！！
にくまるフォント
＋めもわーる

もーー！！
察してよ！
恥ずかしいなあ！
昔々ふぉんと

美味しい
クッキーが
焼けました♡
クラフト明朝

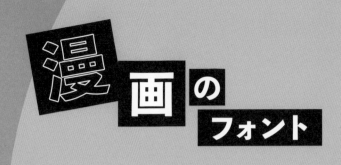

漫画のフォント

普段あまり意識しませんが、大手出版社の漫画の多くは、吹き出しのセリフに明朝体とゴシック体が混在しています。 漫画で使われる明朝体は厳密にいうと「アンチック体」と呼ばれるものです。

アンチック体が生まれた経緯をさかのぼると金属活字、いわゆる活版の時代に行き着きます。当時は質の低い紙に大量印刷することが多く、線が細い部分がある明朝体は文字がにじんでしまい読みにくくなるという難点がありました。そこで試行錯誤を重ねた結果生まれた明朝体ベースの書体が、線が太くてにじみにくいアンチック体だったのです。

一方、かな文字よりも複雑で細い線が多かった漢字は、早くからゴシック体を使うのが半ば慣例化していました。アンチック体は最初からゴシック体の漢字と合わせて使うことを想定して作られており、明治中期頃の印刷物には、すでにゴシック体の漢字とアンチック体のかな文字を組み合わせた印刷物が見られます。なお、この組み合わせは俗に「アンチゴチ」と呼ばれます。

ところで、今もアンチゴチが当たり前に使われているほぼ唯一のメディアが漫画です。その理由は漫画誌とファッション誌などを見比べれば一目瞭然で、漫画誌の紙は質が低いからです。すでにふれたように、質の低い紙はインクがにじみやすく、可読性を著しく損ないます。そのためインクがにじんでも読みやすいアンチゴチが、漫画の業界では今なお生き残っているのです。

もし書店でゴシック体と明朝体が混在したタイトルロゴを見たら、多くの人が違和感をもつかもしれません。そういったデザインはミスマッチによって、目にとまるよう工夫されています。しかし明朝体をベースに生まれたアンチック体は、ゴシック体と組み合わせてもすらすら読むことができます。これこそ、活版時代の先人たちの創意工夫の結果なのです。

ロゴデザインに使ってみよう！

case 1　ライトノベル（男性向け）

タイトルが長いラノベの表紙を作りたい！

POINT

・ラノベの長いタイトルをおさまりよく配置する

・男性向けファンタジー作品の雰囲気を出す

・キャラクターの絵を大きく見せる

Before

エルフの特徴がわかる耳や羽が隠れている

元のイラスト

長いタイトルが絵にのっているせいで、キャラが何をしているのかわかりにくい

絵を切りすぎてどういう状況なのかわかりにくい

After

飾りで英字を入れ
てアクセントに

エルフの特徴
が見えるよう
に配置

装甲明朝

長いタイトルは、
印象づけたい単
語を思い切って
大きくし、メリ
ハリをつける

源暎ぽっぷる
（漢字）

源暎ぽっぷる
（カタカナ）

ラノベPOP

人物は大きくした
いが、座っている
宝箱が見えなくな
ると世界観が伝わ
りづらくなるため、
トリミングに注意

吹き出しに入れ
たり囲ったりし
て動きをつける

傭兵勇者、強欲エルフにそそのかされてトレジャー・ハント始めました

海星なび

TREASURE HUNTING

タイトルが長い作品は、フォントの色やサイズ、配置などを工夫しないと
単調になり、印象に残らなくなります。作品世界を表す単語が目に入っ
てくるように、メリハリをつけてデザインしましょう。

深いストーリーで読ませる 小説 の表紙を作りたい！

POINT

- ・絵を見せるための
  レイアウトに

- ・小さなタイトルは
  視認性に気をつける

- ・雰囲気を壊さない
  フォントを選ぶ

Before

文字の大小はメリハリをつけないと散漫な印象に

元のイラスト

大きなタイトルに目がいき、絵の奥行が見えづらい

フォントの雰囲気が絵と合っていない

After

タイトルを小さくすることで
絵の空間を邪魔することなく
広く見せることができる

しっかりタイトル
が見えるように地
の色をしく

天狗の夏休み　内海痣

はんなり明朝

源柔ゴシック
Medium

字間を広くあけ気味
に調整するだけで雰
囲気が変わる

大人向けの作品であれば、 表紙絵を100％生かしたレイアウトにして、
品よくまとめることも方法のひとつ。 小さなタイトルをさりげなく配置する
ことで、 奥深いストーリーを予感させます。

case **3**　少年漫画（男性向け）

熱血主人公が登場する バトル漫画の表紙を作りたい！

POINT

・テンションの高さをロゴで表現する

・少年漫画の熱い感じを出す

・エネルギッシュな印象を強める

Before

文字で隠れて
キャラの状況
が見えにくい

元のイラスト

書体に特徴がないので
この絵に合った雰囲気を
持つものを探す

文字の大きさ
にメリハリを
つける

After

太いフォントを使ってテンションの高さを表現する

サウスフィールド

棘ゴシック極太

真ん中の顔に目が行くように

源真ゴシック Bold

ロゴは大きくインパクトを重視

英字を邪魔にならない程度に飾りで入れる

熱血主人公が熱い戦いを繰り広げる王道バトルマンガなら、エネルギッシュな印象をフォントで見せたいところ。赤のような強い色を配色し、太く大きなロゴで表現してみましょう。

case 4　青年漫画（男性向け）

ポップでクールな青年漫画 の表紙を作りたい！

POINT

- ・配色でポップな印象に
- ・キャラクターとのギャップでクールな印象を出す
- ・ユーモアを感じさせるデザインにする

Before

キャラクターの特徴がわかる大事な部分が隠れている

元のイラスト

石川香絵

雰囲気は合っているものの、背景の色味にキャラがなじみすぎてしまい、キャラが立ってこない

作家の名前が小さすぎるので、ちょうどよいバランスを探したい

After

デザイン的なフォントを小さめに配置してクールな感じを演出する

廻想体ネクストUP B

後ろの背景、橋と空の境界がタイトルで隠れるとヌケが悪くなるので注意

日本語訳でアクセント

文字の手前にキャラを重ねることでレイヤー感を出す

イエローとブラックの組み合わせは、ポップな作風のマンガに向いている

作品に関連する飾りを加えるとより世界観を表現できる

源真ゴシック
Bold

青年漫画は、リアルな設定や世界観を表現することが多いものの、イメージがかたくなるのは避けたいところ。配色やフォント選びでポップな感じを加えてみましょう。

かわいくて甘い恋愛漫画の表紙を作りたい！

POINT

・淡い配色で
ロマンチックな雰囲気に

・強調したいワードを
しっかり伝える

・長いタイトルはメリハリをつけてまとめる

Before

赤は目立つがここでは合わない

太いフチはダサくなりやすいので避けたほうがよい

一途な
年上彼氏に

溺愛されています

新葉ゆあ

元のイラスト

手や体が切れすぎ
後ろから抱きついて
いるのがわかるように

After

文字の周りをホワッと
ぼやかして雰囲気を出す

源柔ゴシック
Heavy

うつくし明朝体

飾りで英語
の作家名を
入れる

こまどり

飾りのアルファ
ベットは小さな
文字にする

大げさなくら
い文字の大き
さにメリハリ
をつける

飾りを飛ばして
恋愛の空気を
盛り上げる

新葉ゆあ

Presented by Yua Wakaba

一途な年上彼氏に溺愛されています

ITIZUna
ToshiueKareshini
DEKIAIsarete
imasu

女性向けの恋愛漫画は、ロマンチックな雰囲気に合う配色とフォン
ト選びが重要になります。セオリーは淡い色調でまとめること。文
字を輝かせるような効果を使うのもよいでしょう。

文化系ライフな日常漫画の表紙を作りたい！

POINT

・落ち着いた雰囲気で知的な印象を与える

・背景の写真と一体感のあるデザインに

・大人っぽさにかわいらしさもプラス

Before

背景の写真にタイトルがなじんでいない

タイトルに対して名前のサイズ、位置のバランスが悪い

元のイラスト

After

タイトルの英語訳
を飾りに利用

weekend coin laundry

週末コインランドリー

細い書体は、中性的な大人っぽさを表現するときにも使いやすい

やさしさゴシック

内海 痣

源柔ゴシック
Heavy

文字は思い切って大きくゆったりレイアウトする

ワクをつけることで、コインランドリーの中を外から覗いているような雰囲気をねらう

落ち着いた雰囲気の大人向け日常漫画は、一歩間違えると渋くなりすぎるので注意。タイトルロゴは、凝ったデザイン書体よりも、シンプルで細めのフォントを合わせたほうがまとめやすいです。

カードゲームのようなファンタジーノベルの表紙を作りたい！

POINT

- ・飾りで世界観を表現する

- ・格調高い雰囲気を加えたい

- ・セリフ体のように装飾されたフォントを選ぶ

Before

字間に統一感がない

Dragon Story

石川香絵

元のイラスト

元の迫力のあるイラストが、デザインに活きていない

After

タイトルを扇形に
して目立たせる

囲みの模様が雰
囲気づくりに
一役買っている

名前の入れ方も
飾りを使って雰
囲気を出す

源真ゴシック
Bold

部分的に枠
からはみ出
させること
で、勢いを
出す

カードゲームのようなリアルなモンスターが登場するファンタジー
ノベルなら、その世界観を枠や飾りのデザインで表現したいところ。
フォントも小さな飾りのあるセリフ体のほうが合わせやすいです。

すぐできる！
プロが使うテクニック

　表紙のタイトルなど、フォントをそのまま入れるだけでは物足りないもの。フォントの周囲に飾りをつけたり、フォントそのものに手を加えて（※利用規約で加工OKのフォントのみ）、より素敵な仕上がりになるように工夫してみましょう。

　ここでは、少ない手間で印象を変える効果的な方法を紹介します。

タイトル文字の周りにぼかし影をつける

白いぼかしなら光、黒いぼかしなら影
可読性も上がる便利な技

ぼかし幅を
変えたり色々
試してみてね

ネオン菅のように光らせる（ぼかす）

白地の周囲に色のぼかしを入れると、
雰囲気が出るうえに読みやすくなる

文字の一部だけ色を変える

まずは漢字の一部（点やはらいなど）を変えてみよう

小さい部品から
変えると可愛らしい
雰囲気

PRO TECH 3

●や■など図形に文字を入れる

背景が賑やかで文字が見えにくいときなどに可読性も上げる技

    やさしさ
    ライセンス

文字が図形の真ん中にくるようにね

熱血応援団
熱海支部

PRO TECH 4

大袈裟に大小つけるまたは一部だけ大きく

ここにPROTECHの1（ぼかし）を使ってるわけよ

恋愛がヘタすぎる〜！

思い切って差をつけるのがコツ

PRO TECH 5

飾りで英語を入れる

タイトルの英訳や、作者の名前を英語で入れてみよう

❶ 大きく後ろに柄としてひく

Journey under Midnight Sun.

❷ 小さくアクセントで入れる

ゆずごぼう
Presented by
Yuzu Gobou

例えば著者名の下に入れたりね

PRO TECH 6

タイトルの一部を手書きにする

字がうまい必要はないので試してみよう

その悪役令嬢はグッジョブ！！で帰って行った

爽やか おにぎり 通信

勢いが大事！

PRO TECH 7

文字の上に袋文字を乗せてずらす

 ▶

色面をちょっとずらすだけで雰囲気が軽くなる

PRO TECH 8 太い（大きい）文字の上に小さい文字をのせる

欧文タイトルをオシャレに組みたいときに

SHOCK *future*

PRO TECH 9 アンダーラインを入れる

ラインと文字の間隔はこんな感じ

こちらがアンダーラインぽい

こちらは均等あき

PRO TECH 10 関連のあるモチーフの総柄

ストーリーにちなんだアイテムをランダムに散らして、これから読む人にイメージを想起させる

スキンケアとか化粧のお話かな？

未加工

PRO TECH 11 飾り罫で囲む

ぱっと見をもっとスペシャルな感じにしたいとき・特別感を出したいときにおすすめ

PRO TECH 12 スタンプ風テクスチャ（ザラザラ）をつける

ホッとする・優しい雰囲気を出したいときなど、少し質感（ザラザラ）をつけてみる

Amenimo Makezu　▶　Amenimo Makezu

未加工　　　　　ザラザラ

ナルホド

恋愛ハッピー感も増すよね

Nicholas Jenson

ローマン体 と イタリック体

印刷業界では立体（垂直に正立した書体）をローマン体、斜体（斜めに傾いた書体）をイタリック体と呼びます。「A」がローマン体、「*A*」がイタリック体にあたります。ワープロソフトなどでも立体フォント「Roman」、斜体フォントに「Itaric」と付いていることが多いので、何となく両者の違いを知っている人もいるかもしれません。では、これらの呼び名はどのように成立し、定着していったのでしょう。

時代は活版印刷が盛んになった15世紀にさかのぼります。フランスの彫刻師、ニコラ・ジャンソンは1470年にイタリアのベネチアへ渡り、かの地で印刷所を開設しました。彼がそこで生み出した活字は古代ローマの碑文に刻まれた書体を参考にして作られたため、「ローマン体」と呼ばれるようになりました。ベースになっているのは8世紀末のカロリング小文字体という書体だったとされています。

イタリック体はローマン体に遅れること約20年、15世紀末頃にイタリア人のフランチェスコ・グリフォが考案した書体です。その起源は伊ルネサンス期（14世紀頃）の人物、ニッコロ・ニッコリの筆記でした。ニッコリの字が持つ特徴を取り入れた書体「チャンサリー・カーシブ」がローマ教皇庁で公的に用いられるようになり、グリフォはその書体をベースにイタリック体を生み出したといいます。

なお、厳密には斜体とイタリック体は異なります。斜体は写植やDTPで既存のフォントを斜めにしたものであるのに対し、イタリックは斜めになってもバランスが崩れず、美しく見えるように制作の段階で調整されたフォントなのです。

ROMAN TYPE

Bodoni
Didot
Garamond
Rockwell

ITALIC TYPE

Bodoni Book Italic
Didot Italic
Times Italic
Rockwell Italic

FREE FONT COLUMN 文字が踊る小説

活字離れが叫ばれて久しい昨今ですが、紙の上を文字がいきいきと躍動する小説があるのをご存じでしょうか。その一つが1956年に発表された、アルフレッド・ベスターによる古典SF『虎よ、虎よ！』（早川書房）です。本作でつとに有名なのは、特殊な共感覚を持った主人公が能力を発動したとき、それまで明朝体の縦組みだった文字が強烈な丸ゴシックに変わって乱れ、ジグザグを描き、最後には横組みの太ゴシックに変わるシーンです。ほかにも随所でさまざまなフォントを駆使した迫力ある演出が施されており、小説の自由さ、面白さを存分に味わえます。もちろん演出面だけでなく、ストーリーも骨太な傑作です。

日本国内でも、文字が踊る小説が発表されています。日本SFの大家、筒井康隆が1984年に「純文学書き下ろし作品」として発表した『虚航船団』（新潮社）では、登場人物（？）の一人であるホチキスが口から針を飛ばすシーンで「コ」の字を使い、実際にホチキスの針が飛んでいる様子をビジュアルで表現しています。筒井康隆の作品でもとくに難解とされる本作ですが、従来の文学作品に対する挑戦とも取れる遊びがところどころにちりばめられた快作としても広く知られています。

最後に紹介するのは夢枕獏のデビュー作『カエルの死』（光風社出版）。1984年に「タイポグラフィクション（タイポグラフィー＋フィクションの造語）」と銘打って書籍化された本作は文字だけで構成された絵本といったもので、インターネット掲示板で流行した「アスキーアート」をさらに昇華したような表現が全編にわたり展開されています。残念ながら現在は入手困難となっていますが、写植マニア垂涎の一冊といえます。機会があればぜひご覧ください。

FREE
FONT
GUIDE BOOK

3

FREE FONT Sample Book

フリーフォント見本帳

見本帳の見方・使い方

商用利用可 ⋯⋯ 商用利用OK

商用不可・同人可 ⋯⋯ 商用利用NGだが、同人活動での利用はOK

商用利用可（条件あり） ⋯⋯ 商用利用の場合の条件あり

Win ⋯Windows対応フォントあり

Mac ⋯Mac対応フォントあり

フォントの
ファイル形式

フォント情報

フォント見本

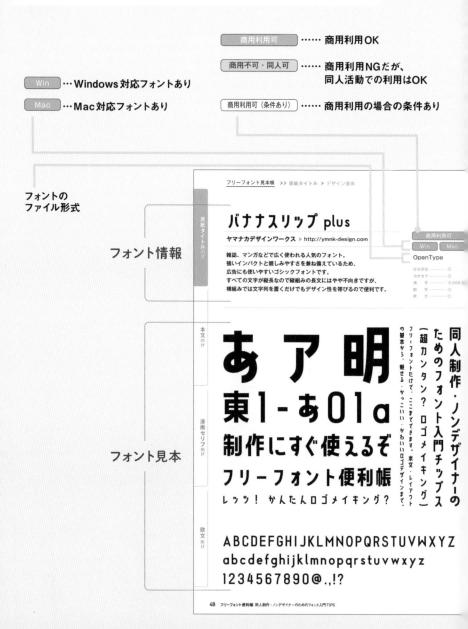

※商用利用OKのフォント
についても、著作権フリー
ではなく、何も条件がな
いという意味ではありませ
ん。利用する前に必ず利用
規約をご確認ください。

※各フォントは、フォント
情報に記載されている
URL からダウンロードで
きるほか、本書のダウン
ロードページにも一覧にま
とめてあります(P4 参照)。

当該フォントに向いている利
用用途として、「表紙タイトル」
「漫画セリフ」「本文」「欧文」
で区分

>> 表紙タイトル > デザイン書体

ぱぐのみんちょ mini版

ヤマナカデザインワークス ▶ http://ymnk-design.com

その名のとおり、短鼻の小型犬 "パグ" をイメージしたフォント。
人なつっこく愛くるしい明朝体はなかなか貴重です。
無料で使えるmini版は横書きのみ、漢字80字、
数字・アルファベットなし計289文字に対応。
有料版は縦書き可、漢字3,459字と数字・英字含め4,213文字に対応。

商用不可・同人可
Win　Mac
OpenType

ひらがな	○
カタカナ	○
漢　字	80文字
数　字	×
欧　文	×

表紙タイトル向け　本文向け　漫画セリフ向け　欧文向け

あ ア 明
東 1-あ 01a
制作にすぐ使えるぞ
フリーフォント便利帳
レッ！ かんたんロゴメイキング？

同人制作・ノンデザイナーの
ためのフォント入門チップス
（超カンタン？ ロゴメイキング）

フリーフォントだけで、ここまでできます。本文・レイアウト
の基本から、魅せる・かっこいい・かわいいロゴデザインまで。

横書きなら使えるの

ABCDEFGHIJKLMNOPQRSTUVWXYZ
abcdefghijklmnopqrstuvwxyz
1234567810@..!?

FREE FONT GUIDE BOOK 49

バナナスリップ plus

ヤマナカデザインワークス ▶ http://ymnk-design.com

OpenType

ひらがな	○
カタカナ	○
漢　字	3,459文字
数　字	○
欧　文	○

雑誌、マンガなどで広く使われる人気のフォント。
強いインパクトと親しみやすさを兼ね備えているため、
広告にも使いやすいゴシックフォントです。
すべての文字が縦長なので縦組みの長文にはやや不向きですが、
横組みでは文字列を置くだけでもデザイン性を帯びるので便利です。

あ ア 明
東1-あ01a
制作にすぐ使えるぞ
フリーフォント便利帳
レッツ！ かんたんロゴメイキング？

同人制作・ノンデザイナーのためのフォント入門チップス（超カンタン？ ロゴメイキング）

フリーフォントだけで、ここまでできます。本文・レイアウトの基本から、魅せる・かっこいい・かわいいロゴデザインまで。

ABCDEFGHIJKLMNOPQRSTUVWXYZ
abcdefghijklmnopqrstuvwxyz
1234567890@.,!?

ぱぐのみんちょ mini 版

ヤマナカデザインワークス ▶ http://ymnk-design.com

OpenType

その名のとおり、短鼻の小型犬 "パグ" をイメージしたフォント。
人なつっこく愛くるしい明朝体はなかなか貴重です。
無料で使える mini 版は横書きのみ、漢字 80 字、
数字・アルファベットなし計 289 文字に対応。
有料版は縦書き可、漢字 3,459 字と数字・英字含め 4,213 文字に対応。

ひらがな	○
カタカナ	○
漢　字	80 文字
数　字	×
欧　文	×

あ ア 明

東1-あ01a

制作にすぐ使えるぞ

フリーフォント便利帳

レッツ！ かんたんロゴメイキング？

同人制作・ノンデザイナーのためのフォント入門チップス（超カンタン？ ロゴメイキング）フリーフォントだけで、ここまでできます。本文・レイアウトの基本から、魅せる・かっこいい・かわいいロゴデザインまで。

横書きなら使えるの

ABCDEFGHIJKLMNOPQRSTUVWXYZ
abcdefghijklmnopqrstuvwxyz
1234567890@.,!?

表紙タイトル向け

本文向け

漫画セリフ向け

欧文向け

やわらかドラゴン mini 版

ヤマナカデザインワークス ▶ http://ymnk-design.com

ほのぼの異世界ファンタジーを想起させるフォントは、
マンガのロゴだけでなく、絵本のタイトルなどにも使えます。
子ども向けのポスターにインパクトをもたせたいときにもおすすめです。
mini 版は横書きのみ、ひらがな・カタカナ・漢字 240 字を収録、
同人活動のみ営利目的で使えます。

商用不可・同人可

Win　Mac

OpenType

ひらがな	○
カタカナ	○
漢字	240 文字
数字	×
欧文	×

本文向け

漫画セリフ向け

欧文向け

あ ア 明
東1-あ01a
制作にすぐ使えるぞ
フリーフォント便利帳
レッツ！ かんたんロゴメイキング？

同人制作・ノンデザイナーのためのフォント入門チップス
（超カンタン？ ロゴメイキング）
フリーフォントだけで、ここまでできます。本文・レイアウトの基本から、魅せる・かっこいい・かわいいロゴデザインまで。

ABCDEFGHIJKLMNOPQRSTUVWXYZ
abcdefghijklmnopqrstuvwxyz
1234567890@.,!?

ティラノゴチmini版

ヤマナカデザインワークス ▶ http://ymnk-design.com

力強くもユーモラスなゴシック体は、インパクトを持たせたいけれど
普通のポップ体はイヤ！ というときに活躍します。
mini 版横書きのみ、ひらがな・カタカナ・漢字 240 字を収録。
有料版は縦書き可、漢字 3,459 字と数字・英字含め 4,213 文字に対応。
有料版／ mini 版に関わらず営利目的で使用できます。

商用不可・同人可

Win | Mac

OpenType

ひらがな	○
カタカナ	○
漢　字	240 文字
数　字	×
欧　文	×

表紙タイトル向け

本文向け

漫画セリフ向け

欧文向け

あ ア 明

東1-あ01a

制作にすぐ使えるぞ

フリーフォント便利帳

レッツ！ かんたんロゴメイキング？

同人制作・ノンデザイナーの
ためのフォント入門チップス
（超カンタン？ ロゴメイキング）

フリーフォントだけで、ここまでできます。**本文・レイアウト**
の基本から、**魅せる・かっこいい・かわいい**ロゴデザインまで。

ABCDEFGHIJKLMNOPQRSTUVWXYZ
abcdefghijklmnopqrstuvwxyz
1234567890@.,!?

かなりあ mini版

ヤマナカデザインワークス ▶ http://ymnk-design.com

ちょっぴりレトロな雰囲気を残す上品なスタイルが特徴で、
児童書、実用書、広報誌、メニュー表、ロゴなどに広く使えます。
字体を崩し過ぎずに作られているので可読性が高いのも特徴です。
mini版は横書きのみ、ひらがな・カタカナ・漢字80字を収録、
同人活動のみ営利目的で使えます。

商用不可・同人可

Win　Mac

OpenType

ひらがな —————— ○
カタカナ —————— ○
漢　字 —————— 80文字
数　字 —————— ×
欧　文 —————— ×

あ ア 明
東1-あ01a
制作にすぐ使えるで
フリーフォント便利帳
レッツ！かんたんロゴメイキング？

同人制作・ノンデザイナーの
ためのフォント入門チップス
（超カンタン？ロゴメイキング）
フリーフォントだけで、ここまでできます・本文・レイアウト
の基本から、魅せる・かっこいい・かわいいロゴデザインまで。

ABCDEFGHIJKLMNOPQRSTUVWXYZ
abcdefghijklmnopqrstuvwxyz
1234567890@.,!?

表紙タイトル向け

本文向け

漫画セリフ向け

欧文向け

こまどり mini版

ヤマナカデザインワークス ▶ http://ymnk-design.com

P52 の「かなりあ」と同じヤマナカデザインワークスによるフォント。
「かなりあ」よりも丸みを帯びたフォルムはデザイン性が高く、
長い文章よりも見出しやロゴに向いています。
mini 版は横書きのみ、ひらがな・カタカナ・漢字 80 字を収録、
同人活動のみ営利目的で使えます。

商用不可・同人可

Win Mac

OpenType

ひらがな	○
カタカナ	○
漢　字	80文字
数　字	×
欧　文	×

表紙タイトル向け

本文向け

漫画セリフ向け

欧文向け

あ ア 明
東1-あ01a
制作にすぐ使えるぞ
フリーフォント便利帳
レッツ！かんたんロゴメイキング？

同人制作・ノンデザイナーの
ためのフォント入門チップス
（超カンタン？ロゴメイキング）
フリーフォントだけで、ここまでできます。**本文・レイアウト**
の基本から、魅せる・かっこいい・かわいいロゴデザインまで。

ABCDEFGHIJKLMNOPQRSTUVWXYZ
abcdefghijklmnopqrstuvwxyz
1234567890@.,!?

ありがとう

表紙タイトル向け

金魚ランタンmini版

ヤマナカデザインワークス ▶ http://ymnk-design.com

商用不可・同人可

Win Mac

OpenType

ファンタジーを想起させる、楷書と行書がうまく融合したフォント。
メルヘン系の作品だけでなく、レトロモダンな印象を生かし、
探偵モノ、推理モノなどに使ってみてもよいでしょう。
無料のmini版は横書きのみ、ひらがな、カタカナ、漢字240文字収録。
mini版は同人活動に限り営利目的での使用可。

ひらがな	○
カタカナ	○
漢字	240文字
数字	×
欧文	×

本文向け

漫画セリフ向け

あア明
東1-あ01a
制作にすぐ使えるぞ
フリーフォント便利帳
レッツ！ かんたんロゴメイキング？

同人制作・ノンデザイナーの
ためのフォント入門チップス
（超カンタン？ ロゴメイキング）
フリーフォントだけで、ここまでできます。**本文・レイアウト**
の基本から、魅せる・かっこいい・かわいいロゴデザインまで。

欧文向け

ABCDEFGHIJKLMNOPQRSTUVWXYZ
abcdefghijklmnopqrstuvwxyz
1234567890@.,!?

マキナス 4

もじワク研究 ▶ https://moji-waku.com

無機質な直線をメインのデザインながら温かみも備えており、
リードやキャッチなどの短い文章であれば問題なく読むことができます。
また、直線がメインであるためにロゴ制作の際にカスタムしやすいの
も利点です。シリーズ展開されており、「マキナス Flat」「マキナス
Square」があります（見本はマキナス Flat）。

商用利用可

Win　Mac

OpenType

ひらがな .... ○
カタカナ .... ○
漢　字 .... 7,014 文字
数　字 .... ○
欧　文 .... ○

表紙タイトル向け

あ ア 明

マキナス 4 Flat

東1-あ01a

マキナス 4 Square

制作にすぐ使えるぞ

マキナス 4 Flat

フリーフォント便利帳

マキナス 4 Square

レッツ！ かんたんロゴメイキング？

マキナス 4 Flat

同人制作・ノンデザイナーの
ためのフォント入門チップス
（超カンタン？ ロゴメイキング）

フリーフォントだけで、ここまでできます。本文・レイアウト
の基本から、魅せる・かっこいい・かわいいロゴデザインまで。

本文向け

漫画セリフ向け

欧文向け

ABCDEFGHIJKLMNOPQRSTUVWXYZ
abcdefghijklmnopqrstuvwxyz
1234567890@.,!?

表紙タイトル向け

マメロン

もじワク研究 ▶ https://moji-waku.com

丸すぎず、四角すぎない絶妙なバランスが、美しくもユーモラス。
やわらかくスッと目に入ってくるので、絵本や児童書のほか、
ソフトな印象をもたせたい啓発系のポスターや広告などにも
使いやすいフォントです。
ウエイト4種、収録文字数9,354文字、商用利用可。

商用利用可

Win　Mac

OpenType

ひらがな	○
カタカナ	○
漢　字	7,014文字
数　字	○
欧　文	○

本文向け

漫画セリフ向け

欧文向け

あア明
東1-あ01a
制作にすぐ使える
フリーフォント便利帳
レッツ！かんたんロゴメイキング？

同人制作・ノンデザイナーのためのフォント入門チップス（超カンタン？ロゴメイキング）

フリーフォントだけで、ここまでできます。本文・レイアウトの基本から、魅せる・かっこいい・かわいいロゴデザインまで。

ABCDEFGHIJKLMNOPQRSTUVWXYZ
abcdefghijklmnopqrstuvwxyz
1234567890@.,!?

トガリテ

もじワク研究 ▶ https://moji-waku.com

ゴシックにちょっとツノが生えた、ポップなフォントです。
こまかな加工をせずともすぐに使うことができるうえに、
ウエイトも7種と、非常にデザイナー思いと言えるでしょう。
オカルト系や西欧系ファンタジーなどとは、特に相性がよく、
アルファベットにも頭ひとつ抜けたインパクトを持たせられます。

商用利用可

Win　Mac

OpenType

ひらがな	○
カタカナ	○
漢　字	約5,200文字
数　字	○
欧　文	○

あ ア 明

東1-あ01a

制作にすぐ使えるぞ

フリーフォント便利帳

レッツ！ かんたんロゴメイキング？

同人制作・ノンデザイナーの
ためのフォント入門チップス
（超カンタン？ ロゴメイキング）

フリーフォントだけで、ここまでできます。本文・レイアウト
の基本から、魅せる・かっこいい・かわいいロゴデザインまで。

ABCDEFGHIJKLMNOPQRSTUVWXYZ
abcdefghijklmnopqrstuvwxyz
1234567890@.,!?

ロンド B

もじワク研究 ▶ https://moji-waku.com

廻想体ネクスト（B）をベースにしたスピンオフがこちら。
クセがなく、ほどよくまじめで、ほどよく遊びが効いており、
男女問わずあらゆる人に好かれやすいデザインです。
日本語フォントに目が行きがちですが英字もかわいらしく、
手元に置いておくだけで何かと重宝するフォントです。

あ ア 明

東1-あ01a

制作にすぐ使えるぞ

フリーフォント便利帳

レッツ！ かんたんロゴメイキング？

同人制作・ノンデザイナーのためのフォント入門チップス（超カンタン？ ロゴメイキング）

フリーフォントだけで、ここまでできます。本文・レイアウトの基本から、魅せる・かっこいい・かわいいロゴデザインまで。

ABCDEFGHIJKLMNOPQRSTUVWXYZ
abcdefghijklmnopqrstuvwxyz
1234567890@.,!?

廻想体ネクストUPB

もじワク研究 ▶ https://moji-waku.com

現代っぽいカクカクしたフォルムは、学術系の実用書、
科学系の展覧会のポスター、商品パッケージなどに幅広く使えます。
シンプルでスタイリッシュなデザインと組み合わせることで
よりインパクトを残し、実力を発揮するフォントです。
商用利用可の完全フリーフォントなのもうれしいポイントです。

商用利用可
Win　Mac
OpenType / TrueType

ひらがな	○
カタカナ	○
漢　字	約3,900文字
数　字	○
欧　文	○

あ ア 明

東1-あ01a

制作にすぐ使えるぞ

フリーフォント便利帳

レッツ！ かんたんロゴメイキング？

同人制作・ノンデザイナーの
ための フォント入門チップス
（超カンタン？ ロゴメイキング）

フリーフォントだけで、ここまでできます。本文・レイアウト
の基本から、魅せる・かっこいい・かわいいロゴデザインまで。

ABCDEFGHIJKLMNOPQRSTUVWXYZ
abcdefghijklmnopqrstuvwxyz
1234567890@.,!?

金畫字

もじワク研究 ▶ https://moji-waku.com

縦、横、斜め 45 度を軸にしたフォント。
四隅やハネや点、払いの表現に直角三角形が使われています。
これによって丸みを帯びつつもシャープな印象がきわだち、
スピード感と重厚感が両立しています。
異世界転生や、ファンタジーの作品タイトルに合いそうです。

商用利用可
Win　Mac
OpenType / TrueType

ひらがな ──────── ○
カタカナ ──────── ○
漢　字 ──────── 4,530 文字
数　字 ──────── ○
欧　文 ──────── ○

あア明
東1-あ01a
制作にすぐ使え
フリーフォント便利帳
レッツ！かんたんロゴメイキング？

同人制作・ノンデザイナーの
ためのフォント入門チップス
（超カンタン？ロゴメイキング）
フリーフォントだけで、ここまでできます。本文・レイアウト
の基本から、魅せる・かっこいい・かわいいロゴデザインまで。

ABCDEFGHIJKLMNOPQRSTUVWXYZ
abcdefghijklmnopqrstuvwxyz
1234567890@.,!?

ピグモ01

もじワク研究 ▶ https://moji-waku.com

さまざまなデザインの文字が収録されているフォント。
1文字ごとに雰囲気が異なる個性を持つため、
複数のフォントを組み合わせたロゴを作りたいときに。
この手のフォントには珍しく漢字が豊富で、
6,300字以上もの漢字が収録されています。

商用利用可

Win | Mac

OpenType

ひらがな	○
カタカナ	○
漢 字	6,355文字
数 字	○
欧 文	○

表紙タイトル向け

本文向け

漫画セリフ向け

欧文向け

あ ア 明

東 1- あ 01 ラ

創作にすぐ使えるぞ

フリーフォント便利帳

レッツ！かんたんロゴメイキング？

同人制作・インデザイナーの
ためのフォント入門チップス
(超カンタン！ロゴメイキング)
フリーフォントだけで、ここまでできます。※文・レイアウト
の基本から、魅せる・かっこいい・かわいいロゴデザインまで。

ABCDEFGHIJKLMNOPQRSTUVWXYZ
abcdefghijklmnopqrstuvwxyz
1234567890@.,!?

黒薔薇ゴシック

MODI工場 ▶ http://modi.jpn.org

まさに「ゴシック」な世界観にぴったりで、ウエイトも豊富なゴシック体。
ホラー、中世、ゴスロリなど、フォントの特徴を
そのまま生かした使い方がおすすめです。
上記の世界観を持った作品のプロローグやロゴで活躍するほか、
あえてミスマッチやパロディなどで使うのもよいでしょう。

> 商用利用可
> Win　Mac

TrueType

ひらがな	----------	○
カタカナ	----------	○
漢　字	----------	約5,000文字
数　字	----------	○
欧　文	----------	○

あ ア 明
black

東1-あ01a
bold

制作にすぐ使える
thin

フリーフォント便利帳
レッツ！かんたんロゴメイキング？

同人制作・ノンデザイナーの
ためのフォント入門チップス
（超カンタン？ロゴメイキング）

フリーフォントだけで、ここまでできます。本文・レイアウト
の基本から、魅せる・かっこいい・かわいいロゴデザインまで。

ABCDEFGHIJKLMNOPQRSTUVWXYZ
abcdefghijklmnopqrstuvwxyz
1234567890@.,!?

黒薔薇シンデレラ

MODI工場 ▶ http://modi.jpn.org

P62「黒薔薇ゴシック」よりも長体が強く、デザイン性が高いフォント。
ロゴとして使えるだけでなく、短文でもその個性を存分に発揮します。
意外な利点としては長体で可読性が高いため、
作品の世界観とマッチするなら限られたスペースに
テキストを入れたい場合にも便利に使うことができます。

商用利用可

Win　Mac

TrueType

ひらがな	-------	○
カタカナ	-------	○
漢　字	-------	約5,000文字
数　字	-------	○
欧　文	-------	○

表紙タイトル向け

本文向け

漫画セリフ向け

欧文向け

あ ア 明

東1-あ01a

制作にすぐ使えるぞ

フリーフォント便利帳

レッツ！　かんたんロゴメイキング？

同人制作・ノンデザイナーのためのフォント入門チップス（超カンタン？　ロゴメイキング）

フリーフォントだけで、ここまでできます。本文・レイアウトの基本から、魅せる・かっこいい・かわいいロゴデザインまで。

ABCDEFGHIJKLMNOPQRSTUVWXYZ
abcdefghijklmnopqrstuvwxyz
1234567890@.,!?

赤薔薇シンデレラ

MODI工場 ▶ http://modi.jpn.org

P63「黒薔薇シンデレラ」と同時にリリースされたフォントで、
漢字・英字・数字の幅に大きな違いが見られます。
どちらを使うかは好みによるところが大きいですが、
「赤薔薇シンデレラ」は漢字の幅が目立って広いので、
全体としてメリハリのあるデザイン効果を得られます。

商用利用可

Win	Mac

TrueType

ひらがな ────── ○
カタカナ ────── ○
漢　字 ────── 約5,000文字
数　字 ────── ○
欧　文 ────── ○

東1-あ01a

あ ア 明

制作にすぐ 使えるぞ
フリーフォント 便利帳
レッツ！ かんたんロゴメイキング？

同人制作・ノンデザイナーの
ためのフォント入門チップス
（超カンタン？ ロゴメイキング）
フリーフォントだけで、ここまでできます。
基本から、魅せる・かっこいい・かわいいロゴデザインまで。本文・レイアウトの

ABCDEFGHIJKLMNOPQRSTUVWXYZ
abcdefghijklmnopqrstuvwxyz
1234567890@.,!?

薔薇って書ける？

いろはマル

MODI工場 ▶ http://modi.jpn.org

硬すぎず、丸すぎず、「ちょうどいい柔らかさ」を持つため、
自治体や学校などの配布物から、静かな雰囲気の同人作品まで、
幅広い用途を見込める丸ゴシック系のフォントです。
よく見るとフォント独自のクセがあり、
それが手書きのような温かみを感じさせてくれます。

商用利用可

Win　Mac

TrueType

ひらがな	○
カタカナ	○
漢　字	約5,000文字
数　字	○
欧　文	○

表紙タイトル向け

本文向け

漫画セリフ向け

欧文向け

あ ア 明
Medium

東1-あ01a
Regular

制作にすぐ使えるぞ
Light

フリーフォント便利帳

レッツ！ かんたんロゴメイキング？

同人制作・ノンデザイナーのためのフォント入門チップス（超カンタン？ ロゴメイキング）

フリーフォントだけで、ここまでできます。 本文・レイアウトの基本から、魅せる・かっこいい・かわいいロゴデザインまで。

ABCDEFGHIJKLMNOPQRSTUVWXYZ
abcdefghijklmnopqrstuvwxyz
1234567890@.,!?

めもわーる

MODI工場 ▶ http://modi.jpn.org

漢字がない "かな書体" で、フォント名の由来となった
「メモワール（Memoir）」は記憶、思い出という意味のフランス語。
若干むにょっとしたユーモラスな形が目を引きます。
派生に「**めもわーるまる**」「**めもわーるしかく**」があり、
前者は角が丸く、後者は角が立ったデザインとなっています。

商用利用可
Win　Mac

OpenType

ひらがな	○
カタカナ	○
漢　字	×
数　字	○
欧　文	○

あ ア 3
1 − あ 0 1 a
せいさくにすぐつ
フリーフォントべんり
レッツ！ かんたんロゴメイキング？

どうじん・ノンデザイナーの
ためのフォントにゅうもんチップス
（ちょうカンタン？ ロゴメイキング）
フリーフォントだけで、ここまでできます。ほんぶん・レイアウト
のきほんから、みせる・かっこいい・かわいいロゴデザインまで。

ABCDEFGHIJKLMNOPQRSTUVWXYZ
abcdefghijklmnopqrstuvwxyz
1234567890@.,!?

せのびゴシック

MODI工場 ▶ http://modi.jpn.org

若い女性向けの雑誌で重宝されている（いた）有名フリーフォントです。
使い方次第で無機質でクールな雰囲気を出すことも、
ちょっととぼけた温かみを出すこともできます。
ウエイトは３種あり、R→M→Bになるにつれ、印象は柔らかくなります。
メインタイトル、サブタイトルのバランスも取りやすいフォントです。

商用利用可

Win | Mac

TrueType

ひらがな	-----------	○
カタカナ	-----------	○
漢　字	-----------	約5,000文字
数　字	-----------	○
欧　文	-----------	○

表紙タイトル向け

本文向け

漫画セリフ向け

欧文向け

あ ア 明
Bold
東1-あ01a
Medium
制作にすぐ使えるぞ
Regular
フリーフォント便利帳
レッツ！ かんたんロゴメイキング？

同人制作・ノンデザイナーの
ためのフォント入門チップス
（超カンタン？ ロゴメイキング）

フリーフォントだけで、ここまでできます。本文・レイアウト
の基本から、魅せる・かっこいい・かわいいロゴデザインまで。

ABCDEFGHIJKLMNOPQRSTUVWXYZ
abcdefghijklmnopqrstuvwxyz
1234567890@.,!?

表紙タイトル向け

木漏れ日ゴシックP

MODI工場 ▶ http://modi.jpn.org

ひらがな、カタカナの一部が欠けたことにより、
黒板の文字のような柔らかい温かみを感じるフォントです。
温かみの中に、はかなさや寂しさも表現されており、
家庭や自然を思わせる温かい世界観だけでなく、
ディストピアやセカイ系など寂寥とした世界観にも使えます。

商用利用可

Win　Mac

TrueType

ひらがな	○
カタカナ	○
漢　字	○
数　字	○
欧　文	○

本文向け

漫画セリフ向け

欧文向け

あア明
東1-あ01a
制作にすぐ使える
フリーフォント便利帳
レッツ！かんたんロゴメイキング？

同人制作・ノンデザイナーのためのフォント入門チップス（超カンタン？ ロゴメイキング）

フリーフォントだけで、ここまでできます。本文・レイアウトの基本から、魅せる・かっこいい・かわいいロゴデザインまで。

ABCDEFGHIJKLMNOPQRSTUVWXYZ
abcdefghijklmnopqrstuvwxyz
1234567890@.,!?

PixelMplus

itouhiro はてなブログ ▶ https://itouhiro.hatenablog.com/

1980 〜 90 年代の PC フォントを思わせる味わいを持つフォント。
インターネット以前の PC 画面の文字列として使うだけでなく、
『デジタル時代の〜』といった書籍タイトルに使うのも有効です。
ベースとなるビットマップフォントが 12 ピクセルの「PixelMplus12」
と、10 ピクセルの「PixelMplus10」の 2 種類があります。

商用利用可
Win　Mac

TrueType

ひらがな	○
カタカナ	○
漢　字	○
数　字	○
欧　文	○

あアしヽイ明

東1-あ01aでまつ

制作にすぐ使えるぞフリー

フォント便利帳レッツ！かんたん

ロゴメイキング？たてがきには対応していません。

ABCDEFGHIJKLMNOPQRSTUVWXYZ
abcdefghijklmnopqrstuvwxyz
1234567890@.,!?

表紙タイトル向け

本文向け

漫画セリフ向け

欧文向け

うつくし明朝体

フロップデザイン ▶ https://www.flopdesign.com/freefont.html

商用利用可（条件あり）
Win　Mac
OpenType

横組みで美しく映えるよう意識して作られた、
柔和で品のあるフォントです。
ひらがな、カタカナはさり気なく写植の "墨だまり" のような
雰囲気が再現されているため、レトロ感も醸し出されており、
日本タイポグラフィ年鑑2014ベストワーク賞を受賞しています。

ひらがな	○
カタカナ	○
漢　字	○
数　字	○
欧　文	○

表紙タイトル向け

本文向け

漫画セリフ向け

欧文向け

あ ア 明
東1-あ01a
制作にすぐ使える
フリーフォント便利帳
レッツ！ かんたんロゴメイキング？

同人制作・ノンデザイナーのためのフォント入門チップス（超カンタン？ ロゴメイキング）

フリーフォントだけで、ここまでできます。本文・レイアウトの基本から、魅せる・かっこいい・かわいいロゴデザインまで。

ABCDEFGHIJKLMNOPQRSTUVWXYZ
abcdefghijklmnopqrstuvwxyz
1234567890@.,!?

源界明朝

フロップデザイン ▶ https://www.flopdesign.com/freefont.html

「ギリギリ読める」がコンセプトの、絶望や破滅を想起させるフォント。
和風異世界ファンタジーや戦記モノ、ミステリーやサスペンス、
さらにはホラーやオカルトなどで幅広く活躍します。
また、カスレを生かしてマンガ作中に出てくる古文書や古代の暗号、
古びたポスターといった小道具の文字としても使えます。

商用利用可

Win　Mac

OpenType

ひらがな ---------- ○
カタカナ ---------- ○
漢　　字 ---------- ○
数　　字 ---------- ○
欧　　文 ---------- ○

あア明
東1-あ01a
制作にすぐ使えるぞ
フリーフォント便利帳
レッツ！　かんたんロゴメイキング？

同人制作・ノンデザイナーのためのフォント入門チップス（超カンタン？　ロゴメイキング）

フリーフォントだけで、ここまでできます。本文・レイアウトの基本から、魅せる・かっこいい・かわいいロゴデザインまで。

ABCDEFGHIJKLMNOPQRSTUVWXYZ
abcdefghijklmnopqrstuvwxyz
1234567890@.,!?

表紙タイトル向け

本文向け

漫画セリフ向け

欧文向け

装甲明朝

フロップデザイン ▶ https://www.flopdesign.com/freefont.html

素直にミリタリー系のファンタジーで使うもよし、
看板などで使うもよし。一部の文字を欠けさせることで
ステンシル風の味わいを持たせており、
ただの明朝では物足りないというときに活躍します。
タイトルや見出しなどにも使いやすいフォントです。

商用利用可

Win　Mac

OpenType

ひらがな ─────── ○
カタカナ ─────── ○
漢　字 ─────── ○
数　字 ─────── ○
欧　文 ─────── ○

あア明
東1-あ01a
制作にすぐ使える
フリーフォント便利帳
レッツ！ かんたんロゴメイキング？

同人制作・ノンデザイナーの
ためのフォント入門チップス
（超カンタン？ ロゴメイキング）
フリーフォントだけで、ここまでできます。本文・レイアウト
の基本から、魅せる・かっこいい・かわいいロゴデザインまで。

ABCDEFGHIJKLMNOPQRSTUVWXYZ
abcdefghijklmnopqrstuvwxyz
1234567890@.,!?

表紙タイトル向け

本文向け

漫画セリフ向け

欧文向け

かんじゅくゴシック

フロップデザイン ▶ https://www.flopdesign.com/freefont.html

商用利用可

Win　Mac

OpenType

活版印刷のような"にじみ"を取り入れた、レトロな雰囲気が魅力。
ノスタルジックな内容のリード文など、
少し長めな文章などではとくに重宝します。
読みやすくクセもないので、絵本からビジネス書まで、
あらゆるジャンルで使うことができます。

ひらがな	○
カタカナ	○
漢　字	○
数　字	○
欧　文	○

あア明

東1-あ01a

制作にすぐ使えるぞ

フリーフォント便利帳

レッツ！　かんたんロゴメイキング？

同人制作・ノンデザイナーのためのフォント入門チップス（超カンタン？　ロゴメイキング）

フリーフォントだけで、ここまでできます。本文・レイアウトの基本から、魅せる・かっこいい・かわいいロゴデザインまで。

ABCDEFGHIJKLMNOPQRSTUVWXYZ
abcdefghijklmnopqrstuvwxyz
1234567890@.,!?

スマートフォントUI

フロップデザイン ▶ https://www.flopdesign.com/freefont.html

OpenType

ひらがな	○
カタカナ	○
漢　字	○
数　字	○
欧　文	○

スマートフォンやウェブページに使われそうな
無機質でさっぱりと洗練されたフォルムは、
高級商品のパッケージやデザイン重視の書籍にもぴったりハマります。
日本語フォントは柔和で、英字や数字はやや固め。
この絶妙なバランスがデザイナーの心をくすぐります。

あ ア 明

東1-あ01a

制作にすぐ使えるぞ

フリーフォント便利帳

レッツ！ かんたんロゴメイキング？

同人制作・ノンデザイナーの
ためのフォント入門チップス
（超カンタン？　ロゴメイキング）
フリーフォントだけで、ここまでできます。本文・レイアウト
の基本から、魅せる・かっこいい・かわいいロゴデザインまで。

ABCDEFGHIJKLMNOPQRSTUVWXYZ
abcdefghijklmnopqrstuvwxyz
1234567890@.,!?

きずなドロップス

フロップデザイン ▶ https://www.flopdesign.com/freefont.html

キラキラとポップなフォルムはレトロでもあり、欧風でもあり、
大正レトロ、昭和レトロを題材にした作品のほか、
魔女やハロウィーン、魔界を題材にした作品などで使えます。
濁点がダイヤ形になっているのもポイントで、
かわいいだけではなく、可憐さや気品も漂うフォントです。

商用不可・同人可

Win　Mac

OpenType

ひらがな	○
カタカナ	○
漢　字	×
数　字	×
欧　文	×

あいうえ

ひがしイチあぜ

せいさくにすぐつかえる

フリーフォントべんりちょう

レッツかんたんロゴメイキング

どうじんせいさくノンデザイ
ナーのためのフォントチップス
ちょうカンタンロゴメイキング
フリーフォントだけで　ここまでできますほんぶんレイアウトの
キホンからみせる　かっこいい　かわいいロゴデザインまで

きつねのつくった
ブドウジュース

ビースト明朝 mini

この書体はアルファベットがないので霧明朝Regularを入れています

フロップデザイン ▶ https://www.flopdesign.com/freefont.html

商用不可・同人可

Win　　Mac

OpenType

ひらがな ---------- ○
カタカナ ---------- ○
漢　字 ---------- ×
数　字 ---------- ×
欧　文 ---------- ×

「異世界小説・ファンタジー小説に合う明朝体」を
キーワードに開発されたという、センス抜群のかな書体。
無料で使える「mini」は、横書き専用のお試し版で
機能制限として「い」と「イ」の文字に
爪痕の絵柄が入るというのも憎い演出です。

あいうえお
カキクケコ
ひがしイチのあぜろ
せいさくにすぐにつかえる
フリーフォント べんりちょう
レッツ　かんたんロゴメイキング

刻明朝

フリーフォントの樹 ▶ https://freefonts.jp

ひらがな、カタカナがシャープかつ流麗なデザインで、
レトロモダンな世界観にぴったりなフォントです。
可読性が高く世界観もしっかり担保できるので、
紙媒体だけでなく、ファンタジー系のゲームでも活躍します。
シリーズとして「刻ゴシック Light」「刻丸明朝かな」もあります。

商用利用可
Win　Mac
OpenType

ひらがな ──── ◯
カタカナ ──── ◯
漢　字 ──── ◯
数　字 ──── ◯
欧　文 ──── ◯

表紙タイトル 向け

本文 向け

漫画セリフ 向け

欧文 向け

あ ア 明
東1-あ01a
制作にすぐ使えるぞ
フリーフォント便利帳
レッツ！かんたんロゴメイキング？

同人制作・ノンデザイナーの
ためのフォント入門チップス
（超カンタン？ ロゴメイキング）
フリーフォントだけで、ここまでできます。本文・レイアウト
の基本から、魅せる・かっこいい・かわいいロゴデザインまで。

ABCDEFGHIJKLMNOPQRSTUVWXYZ
abcdefghijklmnopqrstuvwxyz
1234567890@.,!?

こども丸ゴシック

Fontopo ▶ https://fontopo.com

クレヨンで書いたような手書き風ゴシック体は、
印象そのままに児童向けのコンテンツで使うとかわいらしく映えます。
収録漢字は小学 1 ～ 3 年生で習う漢字を収録しており、
対応していない漢字はひらがなをつかうことでより子どもらしさを
演出できます。細めの「こども丸ゴシック細め」もあります。

商用利用可
Win　Mac
OpenType

ひらがな	○
カタカナ	○
漢字	○
数字	○
欧文	○

あ ア 明

東1-あ01a

せい作にすぐ使える

フリーフォント べんり帳

レッツ！ かんたんロゴメイキング？

同人せい作・ノンデザイナーの
ためのフォント入門チップス
（ちょうカンタン？ ロゴメイキング）

フリーフォントだけで、ここまでできます。本文・レイアウト
のき本から、みせる・かっこいい・かわいいロゴデザインまで。

ABCDEFGHIJKLMNOPQRSTUVWXYZ

abcdefghijklmnopqrstuvwxyz

1234567890@.,!?

ぼくたちのゴシック

Fontopo ▶ https://fontopo.com

ほどよい丸みを帯びた、親しみやすくキャッチーなゴシック体。
可読性も高いので絵本や児童書など、子ども向けの作品だけでなく、
デザイン性の高い書籍やポスターでも効果的に使うことができます。
「ぼくたちのゴシック２レギュラー」「ぼくたちのゴシック２ボールド」もあり、
セットでそろえればより汎用性が高くなります。

OpenType

ひらがな	○
カタカナ	○
漢　字	○
数　字	○
欧　文	○

あア明
ぼくたちのゴシック

東1-あ01a
ぼくたちのゴシック２ボールド

制作にすぐ使えるぞ
ぼくたちのゴシック２レギュラー

フリーフォント便利帳

レッツ！　かんたんロゴメイキング？

同人制作・ノンデザイナーのためのフォント入門チップス

（超カンタン？　ロゴメイキング）

フリーフォントだけで、ここまでできます。本文・レイアウトの基本から、魅せる・かっこいい・かわいいロゴデザインまで。

ABCDEFGHIJKLMNOPQRSTUVWXYZ
abcdefghijklmnopqrstuvwxyz
1234567890@.,!?

Fontopo ▶ https://fontopo.com

かわいらしい個性を前面に押し出したカタカナフォント。
マンガのタイトルやキャラクターのロゴなどにインパクトをもたせます。
ゲームのメニューなどで、あえて使ってみるのも面白いかもしれません。
上が広く下が狭い、飛び出すような効果をうまく生かすことで、
このフォントが持つポップな印象をさらに高めることができます。

商用利用可

Win　Mac

OpenType

ひらがな ———— ×
カタカナ ———— ○
漢　字 ———— ×
数　字 ———— ×
欧　文 ———— ×

本文向け

漫画セリフ向け

欧文向け

オリエンタル

Fontopo ▶ https://fontopo.com

楽しい気分になれそうな、ポップなイメージのカタカナ書体。
しっかり目を引くデザインなので、かわいいキャラクターのロゴ、
ショップの看板や POP、フライヤーなどにも効果的です。
全角の日本語入力ではなく、キーボードに刻印されている
「かな」に対応した、直接入力の 1 バイトフォントです。

商用利用可

Win　Mac

OpenType

ひらがな	××
カタカナ	〇
漢　字	×
数　字	×
欧　文	×

アイウ
ヒガシイチゼロ
スグニツカエルリ
フリーフォントミホンチョウ
レッツカンタンロゴメイキング

ドウジニヤ イサクノンデザイ
ナノタメノフォントニユウモン
チョウカンタンロゴメイキング
フリフォフトダケデコフデナナス
イキホフカラニセルカッコイイカワイイロゴデザイフノフデ
ノイキホフカラニセルカッコイイカワイイロゴデザイフノフデ

ドーナツショップ

ガウプラ ▶ https://www.graphicartsunit.com/gaupra/font_k.html

楽しい気分になれそうな、ポップなイメージのかな書体。
しっかり目を引くデザインなので、かわいいキャラクターのロゴ、
ショップの看板やPOP、フライヤーなどにも効果的です。
全角の日本語入力ではなく、キーボードに刻印されている
「かな」に対応した、直接入力の1バイトフォントです。

商用利用可（条件あり）

Win	Mac

OpenType / TrueType

ひらがな	○
カタカナ	○
漢　字	×
数　字	×
欧　文	×

あ ア う
ヒガシィチセ
すぐにつがえるぞ！
フリーフォントみほんちょう
レッツかんたんロゴメイキング？

どうじんセイサク・ノンデザ
イナーのためのフォントにゅうもん
ちょうカンタンロゴメイキング
フリフォント だけでここまでできます　ほんぶんレイアウト
のきほんからミせるカっこいいかわいいロゴデザインまで

たんぽぽ

ガウプラ ▶ https://www.graphicartsunit.com/gaupra/font_k.html

タテに細いデジタル風のひらがなフォント。
P82「ドーナツショップ」と同じように、かわいいキャラのロゴや
フライヤーなどに使うことでワンランク上のデザインが完成します。
全角の日本語入力ではなく、キーボードに刻印されている
「かな」に対応した、直接入力の1バイトフォントです。

商用利用可（条件あり）

| Win | Mac |

OpenType / TrueType

ひらがな ------------ ○
カタカナ ------------ ✕
漢　字 ------------ ✕
数　字 ------------ ✕
欧　文 ------------ ✕

あいうえおかき

ひがしいちのえ－のいち

せいさくにすぐにつかえるぞせいさくに

ふりーふぉんとべんりみほんちょうふりーふぉんと

かっつがんたんろごめいきんぐかっつがんたんろごめいきんぐ

いまなら

しろうさぎ

ガウプラ ▶ https://www.graphicartsunit.com/gaupra/font_k.html

なめらかなカーブがふんわり柔らかい印象で、
老若男女を問わず親しみやすいデザインフォントです。
濁点がうさぎのしっぽのように丸いのもかわいらしく高ポイント。
全角の日本語入力ではなく、キーボードに刻印されている
「かな」に対応した、直接入力の1バイトフォントです。

商用利用可（条件あり）

Win　　Mac

OpenType / TrueType

ひらがな	○
カタカナ	×
漢　字	×
数　字	×
欧　文	×

あいうえ

ひがしいちのえー

すぐにつかえるすぐに

ふりーふぉんとべんりみほんちょう

れっつかんたんろごめいきんぐ

表紙タイトル向け

本文向け

漫画セリフ向け

欧文向け

クサナギ

ガウプラ ▶ https://www.graphicartsunit.com/gaupra/font_k.html

明朝体を思わせる跳ねや払いを持ちつつ、全体はゴシックらしさもある
面白いフォントです。右上に跳ね上がったシャープなモダンさと、
どこかレトロな温かみが、昭和や大正を舞台にした作品とマッチします。
全角の日本語入力ではなく、キーボードに刻印されている
「かな」に対応した、直接入力の1バイトフォントです。

商用利用可（条件あり）

Win　Mac

OpenType / TrueType

ひらがな	×
カタカナ	○
漢　字	×
数　字	×
欧　文	×

アイウエ
ヒガシイチノエーノ
スグニツカエルスグニツカ
フリーフォントベンリミホンチョウ
レッツカンタンロゴメイキング

カリン91

ガウプラ ▶ https://www.graphicartsunit.com/gaupra/font_k.html

商用利用可（条件あり）
| Win | Mac |

OpenType / TrueType

ナチュラルな雰囲気をまとったフォントで、
タイトルロゴや商品名などに使うと温かみが生まれます。
直線が多く使われているので、意外なところで SF などにもマッチします。
全角の日本語入力ではなく、キーボードに刻印されている
「かな」に対応した、直接入力の 1 バイトフォントです。

ひらがな	-----------	×
カタカナ	-----------	○
漢　字	-----------	×
数　字	-----------	×
欧　文	-----------	×

表紙タイトル向け

本文向け

漫画セリフ向け

欧文向け

アイウエ

ヒガ゛シイチノエー

スグニツカエルスグニ

フリーフォントベンリミホンチョウ

レッツカンタンロゴメイキング

リラックス

ガウプラ ▶ https://www.graphicartsunit.com/gaupra/font_k.html

癒やし、清潔感、ナチュラルなどの言葉がぴったりくるカタカナフォント。
クラシカルからモダンまで、使えるシーンが多い書体で、
幻想的なファンタジーや、中世を舞台にした作品にもマッチします。
全角の日本語入力ではなく、キーボードに刻印されている
「かな」に対応した、直接入力の1バイトフォントです。

商用利用可（条件あり）

| Win | Mac |

OpenType / TrueType

ひらがな	✕
カタカナ	○
漢　字	✕
数　字	✕
欧　文	✕

アイウエ

ヒガシイチノエーノ

スグニツカエルスグニツカ

フリーフォントベンリミホンチョウ

レッツカンタンロゴメイキング

アトミック

ガウプラ ▶ https://www.graphicartsunit.com/gaupra/font_k.html

太い線でありながらシャープなフォルムであるため、
力強くさとクールさを両立することができます。
ここ一番のインパクトを求めたいときに活躍するカタカナフォントです。
全角の日本語入力ではなく、キーボードに刻印されている
「かな」に対応した、直接入力の1バイトフォントです。

> 商用利用可（条件あり）
>
> Win　Mac
>
> TrueType
>
> ひらがな ―――― ×
> カタカナ ―――― ○
> 漢　字 ―――― ×
> 数　字 ―――― ×
> 欧　文 ―――― ×

アイウエ

ヒガシイチノエー

スグニツカエルスグニツ

フリーフォントベンリミホンチョウ

レッツカンタンロゴメイキング

カナ0816

ガウプラ ▶ https://www.graphicartsunit.com/gaupra/font_k.html

P88 のアトミックよりも線が細く、スペーシーな印象のフォントです。
SF 系の作品との相性がよいのは言うまでもありませんが、
洗練された印象もあり、青春モノなどでも効果的に使うことができます。
全角の日本語入力ではなく、キーボードに刻印されている
「かな」に対応した、直接入力の 1 バイトフォントです。

| 商用利用可（条件あり） |
| Win | Mac |

TrueType

ひらがな	×
カタカナ	○
漢　字	×
数　字	×
欧　文	×

アイウエ

ヒガシイチノエ

スグニツカエル

フリーフォントベンリミホン

レッツカンタンロゴメイキング

ホリデイMDJP05

Maniackers Design ▶ https://mksd.jp

商用利用可（条件あり）

Win　Mac

OpenType

"元祖手書き文字"ともいわれるフォントがこちら。
力の抜けたラフな手書き文字は、
手紙のシーンやタイトルロゴなど、使いどころが満載です。
ほのぼのとした雰囲気を出したいときにはとくに重宝するでしょう。
漢字の種類が多い点も使い勝手のよさを後押ししています。

ひらがな	○
カタカナ	○
漢　字	○
数　字	○
欧　文	○

あア明

東1ーあ01a

制作にすぐ使える

フリーフォント便利帳

レッツ！ かんたんロゴメイキング？

同人制作・ノンデザイナーのためのフォント入門チップス（超カンタン？ ロゴメイキング）

フリーフォントだけで、ここまでできます。本文・レイアウトの基本から、魅せる・かっこいい・かわいいロゴデザインまで。

ABCDEFGHIJKLMNOPQRSTUVWXYZ

abcdefghijklmnopqrstuvwxyz

1234567890@.,!?

いかほ

Maniackers Design ▶ https://mksd.jp

群馬県の伊香保温泉からインスピレーションを受けたという
ユニークなひらがな、カタカナ、英数字に対応しており、
大きさを変えて強弱を出すことで、簡単にロゴ風のデザインが作れます。
全角の日本語入力ではなく、キーボードに刻印されている
「かな」に対応した、直接入力の1バイトフォントです。

商用利用可（条件あり）

| Win | Mac |

OpenType

ひらがな	----------	○
カタカナ	----------	○
漢　字	----------	×
数　字	----------	○
欧　文	----------	○

表紙タイトル向け

本文向け

漫画セリフ向け

欧文向け

あいうえお

ヒガシイチノエーノ

すぐにつかえるぞ

フリーフォントベンリミホンチョウ

れっつかんたんろごめいきんぐ

ABCDEFGHIJKLMNOPQRSTUVWXYZ

abcdefghijklmnopqrstuvwxyz

1234567890@.,!?

ショウタロウ V3

Maniackers Design ▶ https://mksd.jp

石ノ森章太郎の作品で使われる擬音の文字を参考に作られたフォント。
出自がマンガなので、マンガ作品のタイトルや効果音で使うと
昭和の古きよきマンガの雰囲気を簡単に得ることができます。
全角の日本語入力ではなく、キーボードに刻印されている
「かな」に対応した、直接入力の 1 バイトフォントです。

商用利用可（条件あり）

Win ｜ Mac

OpenType

ひらがな	×
カタカナ	○
漢　字	×
数　字	○
欧　文	○

アイウエオ

ABCDEFG

スグニツカエルスグニ

フリーフォントミホンチョウ

レッツ！カンタンロゴメイキング

ABCDEFGHIJKLMN
OPQRSTUVWXYZ
1234567890@.,!?

らんち

Maniackers Design ▶ https://mksd.jp

紙をハサミで切り取ったような、ラフで温かみのあるフォント。
名前の由来はミスター・ランチの冒険物語絵本シリーズで、
同作の日本語版のために新たに起こされたことに由来します。
全角の日本語入力ではなく、キーボードに刻印されている
「かな」に対応した、直接入力の1バイトフォントです。

商用利用可（条件あり）

| Win | Mac |

TrueType

ひらがな ────── ○
カタカナ ────── ○
漢　字 ────── ×
数　字 ────── ×
欧　文 ────── ×

あいうえお
ヒガシイチノエ
すぐにつかえるすぐにつか
フリーフォントミンチョウ
レッツヲカンタンロゴメイキング？

はろー

タイプカンタービレ

Maniackers Design ▶ https://mksd.jp

「歌うように」という意味のイタリア語を名前に関する、
演奏記号のような要素を組み合わせて作られたフォント。
エレガントな雰囲気を表現したいときにぴったりです。
全角の日本語入力ではなく、キーボードに刻印されている
「かな」に対応した、直接入力の 1 バイトフォントです。

商用利用可（条件あり）

Win　　Mac

OpenType

ひらがな	--------	×
カタカナ	--------	○
漢　字	--------	×
数　字	--------	×
欧　文	--------	×

アイウエ

ヒガシイチノアノエ

スグニツカエルスグニツ

フリーフォントベンリミホンチョウ

レッツカンタンロゴメイキング！

よにもふしぎなひらがな

Maniackers Design ▶ https://mksd.jp

絵本から飛び出してきたような、メルヘンチックなひらがなフォント。
ぴったりハマる作品で使えばこのままでも世界観を示してくれますが、
サイズや回転などの組み合わせで、より不思議で楽しいロゴが作れます。
全角の日本語入力ではなく、キーボードに刻印されている
「かな」に対応した、直接入力の 1 バイトフォントです。

商用利用可（条件あり）

| Win | Mac |

TrueType

ひらがな	○
カタカナ	×
漢　字	×
数　字	×
欧　文	×

あいうえお

ひがしいちのえ

すぐにつかえるすぐにつか

ふりーふぉんとべんりちょう

れっつかんたんろごめいきんぐ

NIHONBASHI

Maniackers Design ▶ https://mksd.jp

商用利用可（条件あり）

Win　Mac

TrueType

日本橋ヨヲコ氏の作品『G戦場ヘヴンズドア』（小学館）と、
ウェブサイト『週刊日本橋ヨヲコ』のために作られたフォントを
ブラッシュアップした、マンガ家・内田早紀氏作のフォント。
全角の日本語入力ではなく、キーボードに刻印されている
「かな」に対応した、直接入力の1バイトフォントです。

ひらがな	――――	×
カタカナ	――――	○
漢 字	――――	×
数 字	――――	○
欧 文	――――	○

アイウエ
ABCDEF
ヱグニッカエル!
フリィフォントミホンチョウ
Let's kantan logo making

ABCDEFGHIJKLMNOPQRSTUVWXYZ
abcdefghijklmnopqrstuvwxyz
1234567890.,©!?

ポップポップ

Maniackers Design ▶ https://mksd.jp

正方形の箱の中で、はちきれんばかりにふくれあがったような
元気いっぱいの極太ゴシックカタカナフォントです。
ストレートに、ポップな印象の作品で使うのがおすすめです。
全角の日本語入力ではなく、キーボードに刻印されている
「かな」に対応した、直接入力の 1 バイトフォントです。

商用利用可（条件あり）

Win　Mac

OpenType

ひらがな	×
カタカナ	○
漢　字	×
数　字	×
欧　文	×

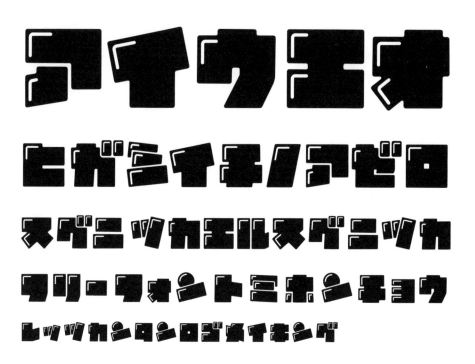

表紙タイトル向け

本文向け

漫画セリフ向け

欧文向け

ドリップ

Maniackers Design ▶ https://mksd.jp

レトロな喫茶店を思わせるやさしい雰囲気が印象的。
一方でミステリアスな雰囲気も携えており、使い方次第でがらりと
印象が変わるフォントです。先端に丸みを帯びた「Round」もあります。
全角の日本語入力ではなく、キーボードに刻印されている
「かな」に対応した、直接入力の1バイトフォントです。

商用利用可（条件あり）

Win　Mac

TrueType

ひらがな	×
カタカナ	○
漢　字	×
数　字	×
欧　文	×

アイウエオカ
アイウエオカ
ヒガシイチノエー
フリーフォントデシリミホンチョウ
レッツカンタンロゴメイキング

チェリーチェリー

Maniackers Design ▶ https://mksd.jp

3本線と直線、そして黒丸の3つの要素で構成されたカタカナフォント。
80年代のファンシーグッズを思わせるフォルムは、
ちょっとレトロな時代を意識した作品にマッチします。
全角の日本語入力ではなく、キーボードに刻印されている
「かな」に対応した、直接入力の1バイトフォントです。

商用利用可（条件あり）

Win Mac

TrueType

ひらがな	✕
カタカナ	◯
漢　字	✕
数　字	✕
欧　文	✕

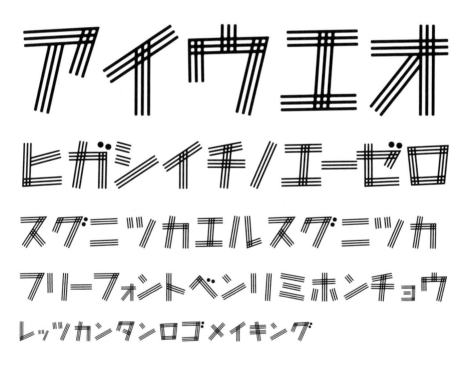

うらら

グレイグラフィックス ▶ https://twitter.com/graygrpx

切り絵のようなかわいらしさの中に、しっかりとインパクトを残した
ひらがなフォント。ほんわかした作品にぴったりで、
絵本や児童書のタイトルに使うと存分に持ち味を発揮します。
全角の日本語入力ではなく、キーボードに刻印されている
「かな」に対応した、直接入力の1バイトフォントです。

商用利用可

Win　Mac

OpenType

ひらがな	○
カタカナ	×
漢　字	×
数　字	×
欧　文	×

あいうえお
ひがしいちのえー
すぐにつかえる！！ふりー
ふりーふぉんとべんりみほんちょう
れっつ！かんたんろごめいきんぐ？

表紙タイトル向け

本文向け

漫画セリフ向け

欧文向け

カタカナボーイ

グレイグラフィックス ▶ https://twitter.com/graygrpx

スペーシーでポップ、勢いのあるカタカナフォントです。
個性が強いので使いどころは限定されますが、
ぴったりハマる作品にはこれ以上ない親和性を見せます。
全角の日本語入力ではなく、キーボードに刻印されている
「かな」に対応した、直接入力の1バイトフォントです。

商用利用可

Win Mac

OpenType

ひらがな	⋯⋯⋯⋯	×
カタカナ	⋯⋯⋯⋯	○
漢 字	⋯⋯⋯⋯	×
数 字	⋯⋯⋯⋯	×
欧 文	⋯⋯⋯⋯	×

アイウエ

ヒガシイチノエー

セイサクスグニツカエル

フリーフォントベンリミホンチョウ

レッツカンタンロゴメ

ぽーら

グレイグラフィックス ▶ https://twitter.com/graygrpx

P100「うらら」のベースとなったひらがなフォントで、
角張っているのが特徴です。少しとぼけたような印象が持ち味で、
かわいらしさを押し出したデザインにぴったりです。
全角の日本語入力ではなく、キーボードに刻印されている
「かな」に対応した、直接入力の1バイトフォントです。

OpenType

ひらがな	----------	○
カタカナ	----------	×
漢　字	----------	×
数　字	----------	×
欧　文	----------	×

あいうえお
ひがしいちのえい
すぐにつかえる！！ふりー
ふりーふぉんとべんりみほんちょう
れっつ！かんたんろごめいきんぐ？

吐き溜め

暗黒工房 ▶ http://www.ankokukoubou.com

ひと文字ごとに異なる個性を持つ、混沌とした印象のフォントです。
見るからにクセが強く使いどころを選びますが、
サイケデリック、あるいはエキセントリックなデザインと
合わせたときには無類の強さを発揮します。
飛び道具的に使うことで、デザインの底上げができるでしょう。

商用利用可
Win　Mac

TrueType

ひらがな	○
カタカナ	○
漢　字	6,355文字
数　字	○
欧　文	○

あアイいイ明
東1-あ01dでま
制作にすぐ使えるぞフリーフォ
ント便利帳 レッツ！かんたん
ロゴメイキング？

ABCDEFGHIJKLMNOPQRSTUVWXYZ
abcdefghijklmnopqrstuvwxyz
1234567890@..!?

FGUI 源 Regular

フォントグラフィック ▶ https://fontgraphic.jp

商用利用可
Win　Mac
OpenType

誰の目にも自然に、さらっと飛び込んでくるフォントですが、
ところどころにいびつなバランスが見え隠れするため
「目にとまりやすい」「流されない」という特徴を持っています。
Bold もあるほか、数字がイタリック体になっているのも個性的で、
さりげなくデザインに個性を出したいときに重宝します。

ひらがな ------- ○
カタカナ ------- ○
漢　字 ------- ○
数　字 ------- ○
欧　文 ------- ○

あ ア 明

FGUI 源 BOLD

東1-あ01a

FGUI 源 Regular

制作にすぐ使える
フリーフォント便利帳
レッツ！ かんたんロゴメイキング？

同人制作・ノンデザイナーの
ためのフォント入門チップス
（超カンタン？ ロゴメイキング）
フリーフォントだけで、ここまでできます。本文・レイアウト
の基本から、魅せる・かっこいい・かわいいロゴデザインまで。

ABCDEFGHIJKLMNOPQRSTUVWXYZ
abcdefghijklmnopqrstuvwxyz
1234567890@.,!?

FGミライ連

フォントグラフィック ▶ https://fontgraphic.jp

線や点が極端に長かったり、短かったりするので単体で見ると
アンバランスな印象ですが、複数の文字を組み合わせると
横線がつながって、個性的なロゴやキャッチが完成します。
この"つながり"が偶発的に面白いデザインを生み出すことがあるため、
いろいろ試したくなることでしょう。

商用利用可

| Win | Mac |

OpenType

ひらがな	○
カタカナ	○
漢　字	○
数　字	○
欧　文	○

あア明
東1-あ01a
制作にすぐ使えるぜ
フリーフォント 便利帳
レッツ！ がんたんロゴメイキング？

同人制作・ノンデザイナーのためのフォント入門チップス（超カンタン？ ロゴメイキング）

フリーフォントだけで、ここまでできます。本文・レイアウトの基本から、魅せる・カッコいい・カワいいロゴデザインまで。

ABCDEFGHIJKLMNOPQRSTUVWXYZ
abcdefghijklmnopqrstuvwxyz
1234567890@.,!?

FG ミディアムオールド半角

フォントグラフィック ▶ https://fontgraphic.jp

商用利用可
Win　Mac
OpenType

半角と漢字の旧字体が組み合わさったフォント。
洗練された半角フォントと旧字体のアンバランスが、
この書体でなければ出せない魅力を存分に発揮します。
SF モノからレトロモダン、はたまた推理モノ、日常系など、
さまざまなジャンルで試してみたくなるフォントです。

ひらがな ---------- ○
カタカナ ---------- ○
漢　字 ---------- ○
数　字 ---------- ○
欧　文 ---------- ○

あ ア 明

東1-あ01a

制作にすぐ使える

フリーフォント便利帳

レッツ！ かんたんロゴメイキング？

同人制作・ノンデザイナーのためのフォント入門チップス（超カンタン？ ロゴメイキング）

フリーフォントだけで、ここまでできます。本文・レイアウトの基本から、魅せる・カッこいい・かわいいロゴデザインまで。

ABCDEFGHIJKLMNOPQRSTUVWXYZ
abcdefghijklmnopqrstuvwxyz
1234567890@.,!?

焚火

フォントグラフィック ▶ https://fontgraphic.jp

漢字を除くフォントがやや縦長で、はかないなかにも主張のある明朝体。
ミステリーやサスペンス、ホラーなどで使いやすい書体です。
同じ文字を重ねることでサイケデリックな効果を得ることもできます。
ウエイトが 7 種類あるので使い勝手がよく、おどろおどろしい雰囲気を
足したいときなど、真っ先に候補に挙がるでしょう。

商用利用可

Win　Mac

OpenType

ひらがな	○
カタカナ	○
漢　字	○
数　字	○
欧　文	○

表紙タイトル向け

本文向け

漫画セリフ向け

欧文向け

あ（Heavy）ア 明
東1-あ01a
Bold　SemiBold
制作にすぐ使えるぞ
Medium　Regular
フリーフォント便利帳
Light　ExLight
レッツ！かんたんロゴメイキング？

同人制作・ノンデザイナーのためのフォント入門チップス（超カンタン？ ロゴメイキング）

フリーフォントだけで、ここまでできます。本文・レイアウトの基本から、魅せる・かっこいい・かわいいロゴデザインまで。

ABCDEFGHIJKLMNOPQRSTUVWXYZ
abcdefghijklmnopqrstuvwxyz
1234567890@.,!?

焔明朝

フォントグラフィック ▶ https://fontgraphic.jp

Win　Mac

P107「焚火」よりも温かみがあり、にじみを生かしやすいフォントです。
日本や中国を舞台にした歴史モノはもとより、品よくまとめたい
パッケージデザインや、やや不安をあおる演出などでも使えます。
こちらも全部で7ウエイト用意されているので、力強いロゴから
繊細なコピーやタイトルまで、幅広い用途が見込めます。

OpenType

ひらがな ———— ○
カタカナ ———— ○
漢　字 ———— ○
数　字 ———— ○
欧　文 ———— ○

表紙タイトル向け

本文向け

漫画セリフ向け

欧文向け

あア明
極太

東1-あ01a
太　　　やや太

制作にすぐ使える
中

フリーフォント便利帳
やや細　　　細

レッツ！ かんたんロゴメイキング？
極細

同人制作・ノンデザイナーの
ためのフォント入門チップス
（超カンタン？ ロゴメイキング）
フリーフォントだけで、ここまでできます。本文・レイアウト
の基本から、魅せる・かっこいい・かわいいロゴデザインまで。

ABCDEFGHIJKLMNOPQRSTUVWXYZ
abcdefghijklmnopqrstuvwxyz
1234567890@.,!?

棘ゴシック

フォントグラフィック ▶ https://fontgraphic.jp

名前のとおり、ゴシック体の先端に「トゲ」を施したフォントです。
読みやすく個性が出せるだけでなく気品も感じさせるので、
悪役令嬢モノや中世が舞台の作品でロゴに取り入れてみるのもおすすめ。
ファンタジーの作中に出てくる公文書などにも、説得力をもたせます。
文字を太くするほどトゲの個性が際立ち、よりインパクトが増します。

商用利用可

Win **Mac**

OpenType

ひらがな	○
カタカナ	○
漢 字	○
数 字	○
欧 文	○

あア明
極太

東1-あ01a
太　　やや太

制作にすぐ使えるぞ
中

フリーフォント便利帳
やや細　　　　細

レッツ！かんたんロゴメイキング？
極細

同人制作・ノンデザイナーのためのフォント入門チップス（超カンタン？ロゴメイキング）

フリーフォントだけで、ここまでできます。本文・レイアウトの基本から、魅せる・かっこいい・かわいいロゴデザインまで。

ABCDEFGHIJKLMNOPQRSTUVWXYZ
abcdefghijklmnopqrstuvwxyz
1234567890@.,!?

表紙タイトル向け

棘薔薇

フォントグラフィック ▶ https://fontgraphic.jp

P109「棘ゴシック」の漢字を明朝体にしたフォントがこちら。
明朝体が組み合わさることで個性が増しており、王侯貴族などに
スポットを当てた作品との相性は折り紙付きです。
作品全体に緊張感を持たせたいときや、
上記のような作品のパロディにも活躍します。

商用利用可

Win　Mac

OpenType

ひらがな ────── ○
カタカナ ────── ○
漢　　字 ────── ○
数　　字 ────── ○
欧　　文 ────── ○

あア明

ボールド

東1-あ01a

ミディアム

制作にすぐ使える

ライト

フリーフォント便利帳
レッツ！ かんたんロゴメイキング？

同人制作・ノンデザイナーの
ためのフォント入門チップス
（超カンタン？ ロゴメイキング）
フリーフォントだけで、ここまでできます。本文・レイアウト
の基本から、魅せる・かっこいい・かわいいロゴデザインまで。

ABCDEFGHIJKLMNOPQRSTUVWXYZ
abcdefghijklmnopqrstuvwxyz
1234567890@.,!?

マンクス カドマル

ChibaDesign ▶ https://www.chiba-design.com/

商用不可・同人可

Win Mac

OpenType

ひらがな	-----------	×
カタカナ	-----------	○
漢 字	-----------	×
数 字	-----------	×
欧 文	-----------	×

丸みを帯びた箇所と、角の面取りを生かした箇所のコントラストが
ユーモラスなカタカナフォントです。程よくシャープな角処理は、
モノクロ2色や黒×黄など、ハイコントラストな配色によく映えます。
使い方次第でミステリアスな雰囲気を出すこともでき、
ギャグから SF、果てはホラーまで、意外に汎用性の高いデザインです。

アイウエオカ
キクケコサシ
ヒガシイチノアノエ
スゲニツカエルスゲニツ
フリーフォントミホンチョウ

角がカクカクしている
「マンクス」もあります！ アイウエオカ

バーミーズ

ChibaDesign ▶ https://www.chiba-design.com/

Win　Mac

水滴のような飾りが愛らしいカタカナフォント。
メルヘンやファンタジーを基調とした世界観によくなじむ、
タイトルやロゴ向けのデザイン性が高い書体です。
昭和を思わせるレトロな喫茶店の看板など、
ちょっとしたシーンでもさり気なく活躍します。

OpenType

ひらがな	×
カタカナ	○
漢　字	×
数　字	×
欧　文	×

表紙タイトル向け

本文向け

漫画セリフ向け

欧文向け

アイウエオ
カキクケコ
ヒガシイチノエーノ
セイサクニスグニツカエル
フリーフォントミホンチョウ

おりがみ

ChibaDesign ▶ https://www.chiba-design.com/

「おりがみ」という名前のとおり、紙を折ったり、
ねじったりしたようなユーモラスなフォントです。
ハンドクラフト感のある書体なので、切り絵を使った絵本のタイトルや、
和モノの作品のロゴにぜひとも検討したいところです。
ひらがな、カタカナ、数字と「！」「？」に対応しています。

商用不可・同人可

Win　Mac

OpenType

ひらがな	○
カタカナ	○
漢　字	×
数　字	○
欧　文	×

あいうえお
アイウエオ
ヒガシ1ノエ-01
せいさくにスグニツカエル
フリーフォントミホンチョウ！
1234567890！？

ネオンチューブ

ChibaDesign ▶ https://www.chiba-design.com/

ネオンサインのチューブのように直線を折りたたんだデザインで
構成されたひらがな、カタカナ、英数字、記号対応フォント。
そのまま街中の背景でネオンサインとして使えるだけでなく、
「ファストフード店のロゴ風」「1980年代アイドルグッズ風」など、
ニッチな小物の演出にも大活躍します。

商用不可・同人可

Win　　Mac

OpenType

ひらがな ---------- ×
カタカナ ---------- ○
漢　字 ----------- ×
数　字 ----------- ○
欧　文 ----------- ×

アイウエオ
カキクケコ
ヒガシイチノエー
スグニッカエルスグニ
フリーフォントミホンチョウ
1234567890！

サウスフィールド

ChibaDesign ▶ https://www.chiba-design.com/

商用不可・同人可

Win　　Mac

OpenType

どこか雄々しい雰囲気を持ちつつも、優雅さも備えたカタカナフォント。
古きよきアメリカ、ヨーロッパ諸国を舞台にした作品はもとより、
格調高い古典を思わせる作品、アドベンチャー系、
さらにはレトロフューチャーなSFと、
配色や加工によってさまざまな作品にフィットします。

ひらがな	………	×
カタカナ	………	○
漢　字	………	×
数　字	………	×
欧　文	………	×

アイウエオ
カキクケコ

ヒガシイチノエーノ

セイサクニスグニツカエル

フリーフォントミホンチョウ！

サウスフィールドボーダー　もあるよ

表紙タイトル向け

本文向け

漫画セリフ向け

欧文向け

りボン

ChibaDesign ▶ https://www.chiba-design.com/

P113「おりがみ」よりも、さらにしなやかな「たわみ」を
生かしたデザインフォント。カタカナのみ対応ですが、
タイトルや効果音、ポスターのキャッチなどに、
使い方次第で柔らかな風合いを最大限生かすことができます。
正統派少女マンガや、そのパロディーにもおすすめです。

商用不可・同人可

Win　Mac

OpenType

ひらがな	-----	×
カタカナ	-----	○
漢　字	-----	×
数　字	-----	×
欧　文	-----	×

アイウエオ

カキクケコ

ヒガシイチノエ一ノ

セイサクニスグニツカエル

フリーフォントミホンチョウ

ウィーディ

ChibaDesign ▶ https://www.chiba-design.com/

クラシカルな趣を携えたカタカナフォントです。
音楽記号のような雰囲気があるので、ジャズやクラシックを
題材にした作品のロゴや、同様のイベントのポスターで使うと、
その持ち味を存分に発揮します。ほかにも洋菓子店の包装、
メルヘン系の作品など、ファンシーなイメージにも使えます。

商用不可・同人可

Win | Mac

OpenType

ひらがな	────	×
カタカナ	────	○
漢 字	────	×
数 字	────	×
欧 文	────	×

ヤナギ

ChibaDesign ▶ https://www.chiba-design.com/

長年映画宣伝に携わってきたという ChibaDesign が、
実際に某洋画タイトルロゴに使用したものをフォント化。
上部にウェーブが入った特徴的なデザインは、
どこかノスタルジックで、古きよき時代の記憶を
世代を超えて刺激してくれます。

商用不可・同人可

Win Mac

OpenType

ひらがな	×
カタカナ	○
漢 字	×
数 字	×
欧 文	×

アイウエオ

カキクケコ

イチノエーノゼロイチ

セイサクニスグニツカエルゾ

フリーフォントミホンチョウ

ラパーマ

ChibaDesign ▶ https://www.chiba-design.com/

線の太さと角張ったデザインが力強さを感じさせるカタカナフォントです。
戦記モノやハードSF、劇画調の作品などで存在感を示すほか、
ちょっとレトロな看板などにもぴったりハマります。
同人ゲームのリザルト表示、兵器の紹介シーンなどに使っても、
頭ひとつ抜き出た演出をすることができます。

商用不可・同人可
Win　Mac
OpenType

ひらがな	………	×
カタカナ	………	○
漢　字	………	×
数　字	………	○
欧　文	………	×

アイウエオ
カキクケコ
ヒガシイチノエーノゼロ
セイサクニスグニツカエルゾ
1234567890

幻ノにじみ明朝

フォントな ▶ http://www.fontna.com

活版印刷のような温かみのあるにじみを表現した明朝体フォントです。
アナログテイストが色濃いので、レトロ感のある作品や青春モノ、
マーダーミステリーなど、工夫次第で用途が広がります。
タイプライターの文字、手紙文字、心情風景を描く文字としても便利で、
活躍の場が多く見込めることでしょう。

商用利用可

Win　Mac

OpenType

ひらがな	○
カタカナ	○
漢　字	○
数　字	○
欧　文	○

あ ア 明

東1-あ01a

制作にすぐ使える

フリーフォント便利帳

レッツ！ かんたんロゴメイキング？

同人制作・ノンデザイナーのためのフォント入門チップス（超カンタン？ ロゴメイキング）フリーフォントだけで、ここまでできます。本文・レイアウトの基本から、魅せる・かっこいい・かわいいロゴデザインまで。

ABCDEFGHIJKLMNOPQRSTUVWXYZ
abcdefghijklmnopqrstuvwxyz
1234567890@.,!?

ラノベポップ

フォントな ▶ http://www.fontna.com

マンガやラノベのタイトルで一度は見たことがあるであろう、
メジャーなフリーフォント。ポップで明るい書体はドタバタした
日常系やファンタジーなどにぴったりです。
「え?」「おい」などの間投詞や感嘆詞に使うと、
強いインパクトを残すので効果的です。

商用利用可
Win　Mac
OpenType

ひらがな ·········· ○
カタカナ ·········· ○
漢　字 ·········· ○
数　字 ·········· ○
欧　文 ·········· ○

あア明
東1-あ01a
制作にすぐ使えるぞ
フリーフォント便利帳
レッツ! かんたんロゴメイキング?

同人制作・ノンデザイナーのためのフォント入門チップス(超カンタン? ロゴメイキング)

フリーフォントだけで、ここまでできる。本文・レイアウトの基本から、魅せる・かっこいい・かわいいロゴデザインまで。

ABCDEFGHIJKLMNOPQRSTUVWXYZ
abcdefghijklmnopqrstuvwxyz
1234567890@.,!?

にくまるフォント

フォントな ▶ http://www.fontna.com

OpenType

むにっと押しつぶしたような、ゆるくてかわいいゴシック体。
柔らかく、手書きのような温かみがあるので手元に置いておくと
何かと便利なフォントです。英数字もどこかしら愛嬌があり、
URL を書くだけでもかわいらしさが演出できます。
ファンシーな雰囲気を出したいときには、ぜひ候補に入れましょう。

ひらがな	○
カタカナ	○
漢　字	○
数　字	○
欧　文	○

本文向け

漫画セリフ向け

あ ア 明

東1-あ01a

制作にすぐ使える

フリーフォント便利帳

レッツ！ かんたんロゴメイキング？

同人制作・ノンデザイナーのためのフォント入門チップス（超カンタン？ ロゴメイキング）

フリーフォントだけで ここまでできます 本文・レイアウトの基本 から 魅せる・かっこいい・かわいいロゴデザインまで

欧文向け

ABCDEFGHIJKLMNOPQRSTUVWXYZ
abcdefghijklmnopqrstuvwxyz
1234567890@.,!?

にくまん 買ってきて！

ふぉんとうは怖い明朝体

フォントな ▶ http://www.fontna.com

B級ホラーのような「いかにも」な恐怖感を出したいときに
使える明朝体フォントです。独特の"ゆらぎ"が不穏な空気を出すので
ホラー作品との相性のよさは確実。一方、ギャグシーンで使って
ギャップの効果を得ることもできます。ロゴデザインに使うときも、
通常の明朝体と併せて使うと独特のアクセントになります。

商用利用可

Win　Mac

OpenType

ひらがな ────── ○
カタカナ ────── ○
漢　字 ────── ○
数　字 ────── ○
欧　文 ────── ○

あア明

東1-あ01a

制作にすぐ使えるぞ

フリーフォント便利帳

レッツ！ かんたんロゴメイキング？

同人制作・ノンデザイナーのためのフォント入門チップス（超カンタン？ ロゴメイキング）フリーフォントだけで、ここまでできます。本文・レイアウトの基本から、魅せる・かっこいい・かわいいロゴデザインまで。

ABCDEFGHIJKLMNOPQRSTUVWXYZ
abcdefghijklmnopqrstuvwxyz
1234567890@.,!?

表紙タイトル向け

本文向け

漫画セリフ向け

欧文向け

ロゴたいぷゴシック

フォントな ▶ http://www.fontna.com

OpenType

「使えるフリーフォント」としてマンガだけでなく、
ファッション雑誌でもよく使われる人気の書体です。
嫌味がなく、品がよく、読みやすいので、
ロゴだけでなくタイトルやキャッチ、長文にも対応します。
カッコよくてエレガントな、汎用性の高いフォントです。

ひらがな	----------	○
カタカナ	----------	○
漢　字	----------	○
数　字	----------	○
欧　文	----------	○

あア明

東1-あ01a

制作にすぐ使える

フリーフォント便利帳

レッツ！　かんたんロゴメイキング？

同人制作・ノンデザイナーのためのフォント入門チップス（超カンタン？　ロゴメイキング）

フリーフォントだけで、ここまでできます。本文・レイアウトの基本から、魅せる・かっこいい・かわいいロゴデザインまで。

ABCDEFGHIJKLMNOPQRSTUVWXYZ
abcdefghijklmnopqrstuvwxyz
1234567890@.,!?

ロゴたいぷゴシック コンデンスド

フォントな ▶ http://www.fontna.com

P124 の「ロゴたいぷゴシック」をスリムにした、爽やかな印象の
フォントです。ロゴやキャッチにエレガントさを出したいとき、
スペースを生かしたデザインを組みたいときなどに使えます。
モダンなイメージの書体ですが、使いどころによって
レトロ感を出すこともでき、とても便利です。

商用利用可

Win Mac

OpenType

ひらがな	○
カタカナ	○
漢　字	○
数　字	○
欧　文	○

あア明

東1-あ01a

制作にすぐ使えるぞ

フリーフォント便利帳

レッツ！ かんたんロゴメイキング？

同人制作・ノンデザイナーの
ためのフォント入門チップス
（超カンタン？ ロゴメイキング）

フリーフォントだけで、ここまでできます。本文・レイアウト
の基本から、魅せる・かっこいい・かわいいロゴデザインまで。

ABCDEFGHIJKLMNOPQRSTUVWXYZ
abcdefghijklmnopqrstuvwxyz
1234567890@.,!?

mini-わくわく

Miniyama ▶ http://mini-design.jp/font

ひらがな、カタカナ、英数字に対応した、丸っこくて愛嬌のある
手書き風フォントです。太い丸ゴシック系のフォントと組み合わせると、
漢字と一緒に使うこともできます。その際、漢字のフォントは
少し縮小してバランスを整えるのがポイントです。
のん気なイメージがほしいときなどにぴったりです。

商用利用可

Win　Mac

OpenType

ひらがな	------------	○
カタカナ	------------	○
漢　字	------------	×
数　字	------------	○
欧　文	------------	○

mini - わくわく

mini - わくわくマル

せいさくにすぐにつ

フリーフォントべんりちょう

レッツ！ かんたんロゴメイキング？

どうじんせいさく・ノン
デザイナーのためのフォント
（ちょうカンタン？ ロゴメイキング）
フリーフォントだけで、ここまでできます・ほんぶん・レイアウトの
きほんから、みせる・かっこいい・かわいいロゴデザインまで。

ABCDEFGHIJKLMNOPQRSTUVWXYZ
abcdefghijklmnopqrstuvwxyz
1234567890@.,!?

kawaii 手書き文字

spicy-sweet ▶ https://font.spicy-sweet.com

文字を構成する空間のところどころがちょっと広めに空いていることで、
とぼけた雰囲気を生み出す手書き風フォントの草分け的存在。
ややクセのあるペン字を一つひとつフォント化したものなので、
女の子が書く字をイメージしたロゴやタイトル、
手紙のシーンなどで使うとその効果は絶大です。

商用利用可
Win　Mac

TrueType

ひらがな ────── ○
カタカナ ────── ○
漢　字 ── 約2,300文字
数　字 ────── ○
欧　文 ────── ○

あ ア 明
東1-あ01a
制作にすぐ使えるぞ
フリーフォント便利帳
レッツ！ かんたんロゴメイキング？

同人制作・ノンデザイナーの
ためのフォント入門チップス
（超カンタン？ ロゴメイキング）

フリーフォントだけで、ここまでできます。本文・レイアウトの基本から、魅せる・かっこいい・かわいいロゴデザインまで。

ABCDEFGHIJKLMNOPQRSTUVWXYZ
abcdefghijklmnopqrstuvwxyz
1234567890@.,!?

表紙タイトル向け

本文向け

漫画セリフ向け

欧文向け

ニコモジ＋

まるもじフォント（ニコモジ）配布所 ▶ https://nicofont.pupu.jp

有名動画投稿サイトのロゴをモチーフにした、平体ゴシックフォント。
本家のカタカナだけでなく、ひらがな、英数字と、
オープンソースの漢字にも対応しています。
本家が有名なのでパロディで使うのはもちろんですが、
平体フォントのひとつとしても、違和感なく使うことができます。

商用利用可（条件あり）

Win　Mac

TrueType

ひらがな ------------ ○
カタカナ ------------ ○
漢　字 ------------ ○
数　字 ------------ ○
欧　文 ------------ ○

本文向け

漫画セリフ向け

あ ア 明

東1-あ01a

制作にすぐ使える

フリーフォント 便利帳

レッツ！ かんたんロゴメイキング？

同人制作・ノンデザイナーの
ためのフォント入門チップス
（超カンタン？ ロゴメイキング）
フリーフォントだけで、ここまでできます。本文・レイアウトの
基本から、魅せる・かっこいい・かわいいロゴデザインまで。

欧文向け

ABCDEFGHIJKLMNOPQRSTUVWXYZ
abcdefghijklmnopqrstuvwxyz
1234567890@.,!?

二つ角

まるもじフォント（ニコモジ）配布所 ▶ https://nicofont.pupu.jp

P128「ニコモジ＋」の角ゴシック版がこちら。
「ニコモジ＋」よりもシャープで、ロゴとして使うと
柔らかい印象と、引き締まった印象を両立できます。
ポップな作品からSF作品、日常系まで、さまざまなジャンルで
使ってみたくなるフォントです。

商用利用可（条件あり）

Win　　Mac

TrueType

ひらがな	○
カタカナ	○
漢　字	○
数　字	○
欧　文	○

あア明

東1-あ01a

制作にすぐ使えるぞ

フリーフォント便利帳

レッツ！かんたんロゴメイキング？

同人制作・ノンデザイナーのためのフォント入門チップス（超カンタン？ロゴメイキング）

フリーフォントだけで、ここまでできます。本文・レイアウトの基本から、魅せる・かっこいい・かわいいロゴデザインまで。

ABCDEFGHIJKLMNOPQRSTUVWXYZ

abcdefghijklmnopqrstuvwxyz

1234567890@.,!?

ふい字

ふい字置き場 ▶ http://hp.vector.co.jp/authors/VA039499/#hui

商用利用可

Win　Mac

TrueType

雑誌などでも使われている、かすれの味わいがたまらない
手書き風フォントです。サインペンで書いたような
親しみやすい風合いは、誰にでも好まれます。
絵文字なども入っているので、文字としてではなく
マークや落書き、飾りなどとしても効果的に使えます。

ひらがな	----------	○
カタカナ	----------	○
漢　字	----------	6,355文字
数　字	----------	○
欧　文	----------	○

本文向け

漫画セリフ向け

欧文向け

あア明

東1-あ01a

制作にすぐ使える

フリーフォント便利帳

レッツ！ かんたんロゴメイキング？

同人制作・ノンデザイナーのためのフォント入門チップス（超カンタン？ ロゴメイキング）

フリーフォントだけで、ここまでできます。本文・レイアウトの基本から、魅せる・かっこいい・かわいいロゴデザインまで。

ABCDEFGHIJKLMNOPQRSTUVWXYZ
abcdefghijklmnopqrstuvwxyz
1234567890@.,!?

851テガキカクット

8:51:22 pm の云々 ▶ http://pm85122.onamae.jp

デジタル表示のようなユニークさが特徴の、
"出せそうで出せない"雰囲気を携えた独特の書体。
シャープな印象を押し出してSFで使うもよし、
やわらかな印象を生かしてレトロな作品で使うもよし、
アイデア次第で幅が広がるデザインフォントです。

TrueType

ひらがな	○
カタカナ	○
漢　字	○
数　字	○
欧　文	○

あアい明

東1ーあ01aで待コ

制作にすぐ使えるぞフリーフォ

ント便利帳　レッツ！かんたんロゴメイ

キング？　縦書きに対応していない文字もあります

ABCDEFGHIJKLMNOPQRSTUVWXYZ
abcdefghijklmnopqrstuvwxyz
1234567890@.,!?

851チカラヨワク

8:51:22 pm の云々 ▶ http://pm85122.onamae.jp

Win　Mac

TrueType

ひらがな	○
カタカナ	○
漢　字	○
数　字	○
欧　文	○

いかにも泣き虫の涙のような、弱々しさが愛くるしいフォントです。
指でなぞったような雰囲気を生かして、
サスペンス作品のダイイングメッセージなどにも使えます。
手書きの風合いは看板や、「いいこと言ってる雰囲気のカレンダー」など、
小物の文字としても活躍することでしょう。

あア明

東1-あ01a

制作にすぐ使えるぞ

フリーフォント便利帳

レッツ！ かんたんロゴメイキング？

同人制作・ノンデザイナーの
ためのフォント入門チップス
（超カンタン？ ロゴメイキング）
フリーフォントだけで、ここまでできます。本文・レイアウトの
基本から、魅せる・かっこいい・かわいいロゴデザインまで。

ABCDEFGHIJKLMNOPQRSTUVWXYZ
abcdefghijklmnopqrstuvwxyz
1234567890@.,!?

851チカラヅヨク

8:51:22 pm の云々 ▶ http://pm85122.onamae.jp

商用利用可

Win　Mac

TrueType

ひらがな	○
カタカナ	○
漢字	○
数字	○
欧文	○

劇画全盛期の書き文字のような力強さで、
P132「チカラヨワク」と対をなすフォントがこちら。
熱血漢のヒーローの決めゼリフなどにぴったりハマります。
ほかにも暴風や火事などの自然災害、慟哭など、
クセのある見た目とは裏腹に使いどころの多いフォントです。

あア明

東1-あ01a

制作にすぐ使えるぞ

フリーフォント便利帳

レッツ！ かんたんロゴメイキング？

同人制作・ノンデザイナーのためのフォント入門チップス（超カンタン？ ロゴメイキング）

フリーフォントだけで、ここまでできます。本文・レイアウトの基本から、魅せる・かっこいい・かわいいロゴデザインまで。

ABCDEFGHIJKLMNOPQRSTUVWXYZ
abcdefghijklmnopqrstuvwxyz
1234567890@.,!?

しろくまフォント

シロクマは冬眠したい ▶ https://www.lazypolarbear.com

Win　Mac

OpenType

ひらがな ─────── ○
カタカナ ─────── ○
漢　　字 ─────── ○
数　　字 ─────── ○
欧　　文 ─────── ○

ペン書きのとぼけた雰囲気が愛くるしい手書き風フォント。
ちょっと不器用な文字がかえって目につくため、
タイトルや見出しにおすすめです。
アンバランスの妙はメルヘンや日常系、絵本などとの
相性がとくによく、子ども向けの作品にマッチします。

あアいイ明

東1−あ01aで待つ

制作にすぐ使えるぞフリーフォ

ント便利帳レッツ！かんたんロゴメイキング？

レッツ！かんたんロゴメイキング？

ABCDEFGHIJKLMNOPQRSTUVWXYZ

abcdefghijklmnopqrstuvwxyz

あんずもじ

あんずいろ apricot × color ▶ http://www8.plala.or.jp/p_dolce

丸っこい手書き文字の古参として親しまれているフォントです。
Shift-JIS で定義されたすべての漢字に対応しており、
女性らしい文字を使うなら必ず手元に置いておきたい書体と
いえるでしょう。ひかえめながらも、ほどよい太さも担保されており、
プロポーショナルフォントなので長文のバランスも絶妙です。

商用利用可	
Win	Mac

TrueType

ひらがな	○
カタカナ	○
漢　字	○
数　字	○
欧　文	○

あ ア 明

東1-あ01a

制作にすぐ使えるぞ

フリーフォント便利帳

レッツ！ かんたんロゴメイキング？

同人制作・ノンデザイナーの
ためのフォント入門チップス
（超カンタン？ ロゴメイキング）

フリーフォントだけで、ここまでできます。本文・レイアウトの基本
から、魅せる・かっこいい・かわいいロゴデザインまで。

A B C D E F G H I J K L M N O P Q R S T U V W X Y Z
a b c d e f g h i j k l m n o p q r s t u v w x y z
1 2 3 4 5 6 7 8 9 0 @ . , ! ?

昔々ふぉんと

Gomarice Font ▶ https://gomaricefont.web.fc2.com

版画のような味わいがどこか懐かしさを感じさせるフォントです。
朴訥とした温かみは民話などを題材にした作品のタイトルのほか、
絵本などの短い文章に使ってもインパクトが出ます。
使い方によっておどろおどろしい雰囲気を出すことができるので、
和風ホラー作品のフォントに悩んでいる人にもおすすめです。

商用利用可
Win　Mac
TrueType

ひらがな	○
カタカナ	○
漢　字	3,622文字
数　字	○
欧　文	○

あ ア 明
東1-あ01a
制作にすぐ使えるぞ
フリーフォント便利帳
レッツ！ かんたんロゴメイキング？

同人制作・ノンデザイナーの
ためのフォント入門チップス
（超カンタン？ロゴメイキング）
フリーフォントだけでここまでできます 本文・レイアウトの
基本から魅せる・かっこいい・かわいいロゴデザインまで

ABCDEFGHIJKLMNOPQRSTUVWXYZ
abcdefghijklmnopqrstuvwxyz
1234567890@.,!?

夜すがら手書きフォント

てててって ▶ https://tetetette.booth.pm

さらりと洗練されつつもどこか頼りない、
書き手のクセが見え隠れする味わい深さが特徴のフォントです。
縦組みは想定されていないので、縦組みで使うと揺らぎが出ますが、
それも味わいと割りきって使ってみてもいいかもしれません。
短いコピーはもちろん、レトロさや温かみを出したいデザインにも。

商用利用可

Win　Mac

TrueType

ひらがな	○
カタカナ	○
漢　字	○
数　字	○
欧　文	○

あアいイ明
東1-あ01aでまつ
制作にすぐ使えるぞ フリー
フォント便利帳 レッツ! かんたん
ロゴメイキング?

ABCDEFGHIJKLMNOPQRSTU
abcdefghijklmnopqrstuvwxyz
1234567890@.,!?

表紙タイトル向け

本文向け

漫画セリフ向け

欧文向け

クラフト明朝

アトリエこたつ ▶ https://atelierkotatu.booth.pm

商用利用可（条件あり）

Win　Mac

OpenType

鉛筆で書いたようなかすれがクセになる、ハンドメイド感あふれる
フォントです。ひらがな、カタカナ、英数字、約物のほか
JIS 第一次水準漢字 2,965 字も収録しており、見た目だけでなく、
実力としても実用的なフォントです。
ロゴタイトルに使うだけで、やさしい世界観を表現できます。

ひらがな ──────── ○
カタカナ ──────── ○
漢　字 ──────── 2,965 文字
数　字 ──────── ○
欧　文 ──────── ○

表紙タイトル向け
本文向け
漫画セリフ向け
欧文向け

あ ア 明
東1-あ01a
制作にすぐ使えるぞ
フリーフォント便
レッツ！ かんたんロゴメイキング？

同人制作・ノンデザイナーの
ためのフォント入門チップス
（超カンタン？ ロゴメイキング）
フリーフォントだけで、ここまでできます。本文・レイアウトの基本
から、魅せる・かっこいい・かわいいロゴデザインまで。

ABCDEFGHIJKLMNOPQRSTUVWXYZ
abcdefghijklmnopqrstuvwxyz
1234567890@.,!?

エビハラのくせ字

茶滝堂 CHAilDO ▶ https://naotoebihara.booth.pm

もともと「フォントっぽい」と言われることが多かった作者の文字を、
実際にフォントにしてみたというユニークな書体。
ところどころに途切れがあり、手書きの風合いが生かされています。
ペン文字特有のインク溜まりやクセがそこかしこに見られ、
使うほどに味わい深くなる不思議なフォントです。

商用利用可（条件あり）

Win　Mac

TrueType

ひらがな	○
カタカナ	○
漢　字	約3,200文字
数　字	○
欧　文	○

表紙タイトル向け

本文向け

漫画セリフ向け

欧文向け

あア明

東1-あ01a

制作にすぐ使える

フリーフォント便利帳

レッツ！かんたんロゴメイキング？

同人制作・ノンデザイナーのためのフォント入門チップス（超カンタンロゴメイキング）

フリーフォントだけで、ここまでできます。本文・レイアウトの基本から、みせる・かっこいい・かわいいロゴデザインまで。

縦書きにもできますが
句読点がずれます

ABCDEFGHIJKLMNOPQRSTU
abcdefghijklmnopqrstuvwxyz
1234567890@.,!?

源暎ちくご明朝

御琥祢屋 ▶ https://okoneya.jp/font

シンプルで硬質なさっぱりとした線に仕上げられた、
縦組み、長文、文芸での使用を目的に製作されたフォントです。
流麗で素朴な仮名文字、角立てされた漢字の組み合わせが特徴です。
濁点付きのひらがな、カタカナのほか、漢字などを含めると
約 18,000 字が収録されています。

商用利用可
Win　Mac
TrueType

ひらがな ----------- ○
カタカナ ----------- ○
漢　字 ----------- ○
数　字 ----------- ○
欧　文 ----------- ○

あア明

東1-あ01a

制作にすぐ使えるぞ

ABCDEFGHIJKLMNOPQRSTU
abcdefghijklmnopqrstuvwxyz
1234567890@.,!?

源暎ちくご明朝 v3　13Q 行間 19

　あのイーハトーヴォのすきとおった風、夏でも底に冷たさをもつ青いそら、うつくしい森で飾られたモリーオ市、郊外のぎらぎらひかる草の波。　またそのなかでいっしょになったたくさんのひとたち、ファゼーロとロザーロ、羊飼のミーロや、顔の赤いこどもたち、地主のテーモ、山猫博士のボーガント・デストゥパーゴなど、いまこの暗い巨きな石の建物のなかで考えていると、みんなむかし風のなつかしい青い幻燈のように思われます。

同人制作・ノンデザイナーのためのフォント入門チップス（超カンタン？ ロゴメイキング）フリーフォントだけで、ここまでできます。本文・レイアウトの基本から、魅せる・かっこいい・かわいいロゴデザインまで。

源暎こぶり明朝

御琥祢屋 ▶ https://okoneya.jp/font

源ノ明朝をベースにつくられた明朝体で、
読みやすさを重視した長文向けのフォントでP140の
「源暎ちくご明朝」と比べ、秀英系フォントに近い力強さがあります。
ひらがな、カタカナ、英数字以外に、
記号や漢字など約18,000字が収録されています。

商用利用可
Win | Mac
TrueType

ひらがな	○
カタカナ	○
漢　字	○
数　字	○
欧　文	○

表紙タイトル向け

本文向け

漫画セリフ向け

欧文向け

あア明

東1- あ01a

制作にすぐ使えるぞ

ABCDEFGHIJKLMNOPQRSTU
abcdefghijklmnopqrstuvwxyz
1234567890@.,!?

同人制作・ノンデザイナーのためのフォント入門チップス（超カンタン？ロゴメイキング）

フリーフォントだけで、ここまでできます。本文・レイアウトの基本から、魅せる・かっこいい・かわいいロゴデザインまで。

源暎こぶり明朝 v6　13Q 行間19

　あのイーハトーヴォのすきとおった風、夏でも底に冷たさをもつ青いそら、うつくしい森で飾られたモリーオ市、郊外のぎらぎらひかる草の波。　またそのなかでいっしょになったたくさんのひとたち、ファゼーロとロザーロ、羊飼のミーロや、顔の赤いこどもたち、地主のテーモ、山猫博士のボーガント・デストゥパーゴなど、いまこの暗い巨きな石の建物のなかで考えていると、みんなむかし風のなつかしい青い幻燈のように思われます。

しっぽり明朝

フォントダスオリジナル ▶ https://fontdasu.com

Win　Mac

OpenType / TrueType

美しい曲線が上品さをもたらす明朝体で、
優雅さを演出したいデザインや和風系のデザイン、
レトロ系のデザインなどにマッチします。
漢字は「源流明朝」のものが 14,828 字収録されており、
商用・同人利用ともに可能です。

ひらがな	○
カタカナ	○
漢　字	14,828 文字
数　字	○
欧　文	○

あア明
ExtraBold

東1-あ01a
Bold　**SemiBold**

制作にすぐ使えるぞ
Regular

ABCDEFGHIJKLMNOPQRSTU
abcdefghijklmnopqrstuvwxyz
1234567890@.,!?

同人制作・ノンデザイナーの
ためのフォント入門チップス
（超カンタン？ ロゴメイキング）
フリーフォントだけで、ここまでできます。
の基本から、魅せる・かっこいい・かわいいロゴデザインまで。 本文・レイアウト

しっぽり明朝 Medium 13Q 行間 19

　あのイーハトーヴォのすきとおった風、夏でも底に冷たさをもつ青いそら、うつくしい森で
飾られたモリーオ市、郊外のぎらぎらひかる草の波。　　またそのなかでいっしょになったたく
さんのひとたち、ファゼーロとロザーロ、羊飼のミーロや、顔の赤いこどもたち、地主のテー
モ、山猫博士のボーガント・デストゥパーゴなど、いまこの暗い巨きな石の建物のなかで
考えていると、みんなむかし風のなつかしい青い幻燈のように思われます。

錦源明朝

二つの「え」の話 ▶ https://www.akenotsuki.com/eyeben/fonts/

細めですがスッとしているため、視認性がよいのが特徴です。
流麗な書体は縦組みととくに相性がよく、
手紙のシーンやポスターに載せる文章などにも使えます。
シンプルなデザインと組み合わせることで、
書体そのものの美しさを前面に押し出すのもおすすめです。

商用利用可

Win　Mac

OpenType

ひらがな	………	○
カタカナ	………	○
漢　字	………	14,667 文字
数　字	………	○
欧　文	………	○

表紙タイトル向け

本文向け

漫画セリフ向け

欧文向け

あア明

東1-あ01a

制作にすぐ使えるぞ

ABCDEFGHIJKLMNOPQRSTU
abcdefghijklmnopqrstuvwxyz
1234567890@.,!?

同人制作・ノンデザイナーのためのフォント入門チップス（超カンタン？ロゴメイキング）フリーフォントだけで、ここまでできます。本文・レイアウトの基本から、魅せる・かっこいい・かわいいロゴデザインまで。

錦源明朝 13Q 行間 19

　あのイーハトーヴォのすきとおった風、夏でも底に冷たさをもつ青いそら、う
つくしい森で飾られたモリーオ市、郊外のぎらぎらひかる草の波。　またそのな
かでいっしょになったたくさんのひとたち、ファゼーロとロザーロ、羊飼のミー
ロや、顔の赤いこどもたち、地主のテーモ、山猫博士のボーガント・デストゥパー
ゴなど、いまこの暗い巨きな石の建物のなかで考えていると、みんなむかし風の
なつかしい青い幻燈のように思われます。

さらら明朝

二つの「え」の話 ▶ https://www.akenotsuki.com/eyeben/fonts/

漢字やアルファベットがクッキリ見える、
さりげない強さを持ったフォントです。
「さらら」の文字を見てもわかるように線と線の"つなぎ"が印象的で、
時代モノに使うと味わいが深まります。
ウエイトは 5 種類あり、1 つのフォントで多様な使い方が可能です。

OpenType

ひらがな	○
カタカナ	○
漢　字	14,667 文字
数　字	○
欧　文	○

あア明

Bold

東1-あ01a

SemiBold　　　　Medium

制作にすぐ使えるぞ

Regular　　　　　Light

ABCDEFGHIJKLMNOPQRSTU
abcdefghijklmnopqrstuvwxyz
1234567890@.,!?

同人制作・ノンデザイナーのためのフォント入門チップス（超カンタン？ ロゴメイキング）

フリーフォントだけで、ここまでできます。本文・レイアウトの基本から、魅せる・かっこいい・かわいいロゴデザインまで。

さらら明朝 Bold 13Q 行間 19

　あのイーハトーヴォのすきとおった風、夏でも底に冷たさをもつ青いそら、うつくしい森で飾られたモリーオ市、郊外のぎらぎらひかる草の波。　またそのなかでいっしょになったたくさんのひとたち、ファゼーロとロザーロ、羊飼のミーロや、顔の赤いこどもたち、地主のテーモ、山猫博士のボーガント・デストゥパーゴなど、いまこの暗い巨きな石の建物のなかで考えていると、みんなむかし風のなつかしい青い幻燈のように思われます。

霧明朝

二つの「え」の話 ▶ https://www.akenotsuki.com/eyeben/fonts/

かな文字の横線が少し斜め、あるいはたわみを持って書かれることで、
手書きの風合いが感じられるフォントです。
一方で漢字はスタンダードな明朝体をベースにしており、
さりげないデザインの妙が、「差をつけたい」ときに生かされます。
ラテン、ギリシャ、キリル文字にも対応しています。

商用利用可
Win　Mac

OpenType

ひらがな	○
カタカナ	○
漢　字	14,721文字
数　字	○
欧　文	○

あア明
Bold

東1- あ01a
Regular

制作にすぐ使えるぞ
Light

ABCDEFGHIJKLMNOPQRSTU
abcdefghijklmnopqrstuvwxyz
1234567890@.,!?

同人制作・ノンデザイナーの
ためのフォント入門チップス
（超カンタン？ロゴメイキング）
フリーフォントだけで、ここまでできます。本文・レイアウト
の基本から、魅せる・かっこいい・かわいいロゴデザインまで。

霧明朝 Bold 13Q 行間 19

　あのイーハトーヴォのすきとおった風、夏でも底に冷たさをもつ青いそら、う
つくしい森で飾られたモリーオ市、郊外のぎらぎらひかる草の波。　またその
なかでいっしょになったたくさんのひとたち、ファゼーロとロザーロ、羊飼のミー
ロや、顔の赤いこどもたち、地主のテーモ、山猫博士のボーガント・デストゥパー
ゴなど、いまこの暗い巨きな石の建物のなかで考えていると、みんなむかし風
のなつかしい青い幻燈のように思われます。

はんなり明朝

Typing Art ▶ http://typingart.net/

ひらがな・カタカナのバランスに特徴がある、
その名の通り落ち着いた華やかさを感じるフォントです。
リッチなデザインを中心に幅広く使うことができ、
ゆらぎを感じさせたい場面などで使うと効果的です。
商用利用、同人誌での利用のどちらも可能です。

商用利用可

Win　Mac

OpenType

ひらがな	○
カタカナ	○
漢　字	○
数　字	○
欧　文	○

あア明
東1-あ01a
制作にすぐ使えるぞ

ABCDEFGHIJKLMNOPQRSTU
abcdefghijklmnopqrstuvwxyz
1234567890@.,!?

同人制作・ノンデザイナーのためのフォント入門チップス（超カンタン？　ロゴメイキング）
フリーフォントだけで、ここまでできます。本文・レイアウトの基本から、魅せる・かっこいい・かわいいロゴデザインまで。

はんなり明朝 Regular 13Q 行間 19

　あのイーハトーヴォのすきとおった風、夏でも底に冷たさをもつ青いそら、うつくしい森で飾られたモリーオ市、郊外のぎらぎらひかる草の波。　またそのなかでいっしょになったたくさんのひとたち、ファゼーロとロザーロ、羊飼のミーロや、顔の赤いこどもたち、地主のテーモ、山猫博士のボーガント・デストゥパーゴなど、いまこの暗い巨きな石の建物のなかで考えていると、みんなむかし風のなつかしい青い幻燈のように思われます。

IPAex 明朝

情報処理推進機構（IPA） ▶ https://moji.or.jp

代表的なオープンソースフォントで、このフォントをベースに
さまざまな派生フォントが作られています。
明朝でありながら縦線と横線の幅がそれほど大きくなく、
ほかの明朝体よりも太めの印象。はらいの角をカットしているため、
さり気ないデザイン性も効いており、タイトル文字などにも使えます。

商用利用可

| Win | Mac |

TrueType

ひらがな	○
カタカナ	○
漢　字	○
数　字	○
欧　文	○

あア明

東1-あ01a

制作にすぐ使えるぞ

ABCDEFGHIJKLMNOPQRSTU
abcdefghijklmnopqrstuvwxyz
1234567890@.,!?

同人制作・ノンデザイナーの
ためのフォント入門チップス
（超カンタン？ロゴメイキング）
フリーフォントだけで、ここまでできます。本文・レイアウト
の基本から、魅せる・かっこいい・かわいいロゴデザインまで。

IPAex 明朝 13Q 行間 19

　あのイーハトーヴォのすきとおった風、夏でも底に冷たさをもつ青いそら、う
つくしい森で飾られたモリーオ市、郊外のぎらぎらひかる草の波。　またそのな
かでいっしょになったたくさんのひとたち、ファゼーロとロザーロ、羊飼のミーロ
や、顔の赤いこどもたち、地主のテーモ、山猫博士のボーガント・デストゥパー
ゴなど、いまこの暗い巨きな石の建物のなかで考えていると、みんなむかし風
のなつかしい青い幻燈のように思われます。

源暎モノゴ

御琥祢屋 ▶ https://okoneya.jp/font

直線となだらかな曲線で構成された、無機質で清潔感のあるフォント。
病院のシーンや交通案内など、背景にさりげなく溶け込ませたい
文字を探している人にぴったりといえるでしょう。
横組みを想定して作られたフォントですが、
シンプルなので縦組みにも違和感なくなじみます。

商用利用可
Win　Mac
TrueType

ひらがな	----------	○
カタカナ	----------	○
漢　字	----------	約 14,000 文字
数　字	----------	○
欧　文	----------	○

あア明
Bold

東1-あ01a
Regular

制作にすぐ使えるぞ

ABCDEFGHIJKLMNOPQRSTUVWXYZ
abcdefghijklmnopqrstuvwxyz
1234567890@.,!?

同人制作・ノンデザイナーの
ためのフォント入門チップス
（超カンタン？ ロゴメイキング）
フリーフォントだけで、ここまでできます。本文・レイアウト
の基本から、魅せる・かっこいい・かわいいロゴデザインまで。

源暎モノゴ Regular 13Q 行間 19

　あのイーハトーヴォのすきとおった風、夏でも底に冷たさをもつ青いそら、うつくしい森で飾られたモリーオ市、郊外のぎらぎらひかる草の波。　またそのなかでいっしょになったたくさんのひとたち、ファゼーロとロザーロ、羊飼のミーロや、顔の赤いこどもたち、地主のテーモ、山猫博士のボーガント・デストゥパーゴなど、いまこの暗い巨きな石の建物のなかで考えていると、みんなむかし風のなつかしい青い幻燈のように思われます。

Mgen⁺

自家製フォント工房 ▶ http://jikasei.me

「M⁺ OUTLINE FONTS」をベースに、
漢字や記号を「源ノ角ゴシック」で補った合成フォントです。
美しいデザイン、7つのウエイトなどの利点はそのままに、
約 14,000 文字以上の漢字を収録。
商用・非商用を問わず使用することができます。

商用利用可

Win   Mac

OpenType

ひらがな	○
カタカナ	○
漢　字	約 14,000 文字
数　字	○
欧　文	○

あ black ア heavy 明
東 bold 1 - あ 01 medium a
制作 regular にすぐ light 使える thin ぞ

同人制作・ノンデザイナーのためのフォント入門チップス（超カンタン？ ロゴメイキング）

フリーフォントだけで、ここまでできます。本文・レイアウトの基本から、魅せる・かっこいい・かわいいロゴデザインまで。

ABCDEFGHIJKLMNOPQRSTUVW
abcdefghijklmnopqrstuvwxyz
1234567890@.,!?

Mgen⁺ Medium 13Q 行間 19

　あのイーハトーヴォのすきとおった風、夏でも底に冷たさをもつ青いそら、
うつくしい森で飾られたモリーオ市、郊外のぎらぎらひかる草の波。　またそ
のなかでいっしょになったたくさんのひとたち、ファゼーロとロザーロ、羊飼の
ミーロや、顔の赤いこどもたち、地主のテーモ、山猫博士のボーガント・デストゥ
パーゴなど、いまこの暗い巨きな石の建物のなかで考えていると、みんなむか
し風のなつかしい青い幻燈のように思われます。

表紙タイトル向け

本文向け

漫画セリフ向け

欧文向け

源真ゴシック

自家製フォント工房 ▶ http://jikasei.me

「源ノ角ゴシック」を TrueType に変換したことで、さらに使いやすくしたフォントです。バリエーションはプロポーショナル、等幅を含め 3 種類、ウエイトは 7 種類あります。PowerPoint のスライドに埋め込むことも可能となり、用途の幅が広がります。

ちなみにこれは
同じ大きさの
源ノ角ゴシック

明

商用利用可

Win　Mac

TrueType

ひらがな	○
カタカナ	○
漢　字	約 14,000 文字
数　字	○
欧　文	○

あア明

Bold

東1-あ01a

Medium

制作にすぐ使えるぞ

Light

ABCDEFGHIJKLMNOPQRSTUVW
abcdefghijklmnopqrstuvwxyz
1234567890@.,!?

同人制作・ノンデザイナーのためのフォント入門チップス（超カンタン？ロゴメイキング）

フリーフォントだけで、ここまでできます。本文・レイアウトの基本から、魅せる・かっこいい・かわいいロゴデザインまで。

源真ゴシック Medium 13Q 行間 19

　あのイーハトーヴォのすきとおった風、夏でも底に冷たさをもつ青いそら、うつくしい森で飾られたモリーオ市、郊外のぎらぎらひかる草の波。　またそのなかでいっしょになったたくさんのひとたち、ファゼーロとロザーロ、羊飼のミーロや、顔の赤いこどもたち、地主のテーモ、山猫博士のボーガント・デストゥパーゴなど、いまこの暗い巨きな石の建物のなかで考えていると、みんなむかし風のなつかしい青い幻燈のように思われます。

源柔ゴシック

自家製フォント工房 ▶ http://jikasei.me

P150「源真ゴシック」の角が丸くなったフォント。
角ゴシックの風合いを残しつつ、やすりをかけたような
やさしさがプラスされた書体となっています。
文字の丸みの変化は 3 段階に分けられていて、
かわいい印象の度合いによって調整できます。

商用利用可

Win　Mac

TrueType

ひらがな	○
カタカナ	○
漢　字	約 14,000 文字
数　字	○
欧　文	○

あア明
Heavy

東1-あ01a
Bold

制作にすぐ使えるぞ
Medium

ABCDEFGHIJKLMNOPQRSTUV
abcdefghijklmnopqrstuvwxyz
1234567890@.,!?

同人制作・ノンデザイナーの
ためのフォント入門チップス
（超カンタン？ ロゴメイキング）

フリーフォントだけで、ここまでできます。 本文・レイアウト
の基本から、魅せる・かっこいい・かわいいロゴデザインまで。

源柔ゴシック Medium 13Q 行間 19

　あのイーハトーヴォのすきとおった風、夏でも底に冷たさをもつ青いそら、
うつくしい森で飾られたモリーオ市、郊外のぎらぎらひかる草の波。　またそ
のなかでいっしょになったたくさんのひとたち、ファゼーロとロザーロ、羊飼
のミーロや、顔の赤いこどもたち、地主のテーモ、山猫博士のボーガント・デ
ストゥパーゴなど、いまこの暗い巨きな石の建物のなかで考えていると、みん
なむかし風のなつかしい青い幻燈のように思われます。

表紙タイトル向け

本文向け

漫画セリフ向け

欧文向け

自家製 Rounded M⁺

自家製フォント工房 ▶ http://jikasei.me

本家の「Rounded M⁺」よりも漢字の数が多く、
文字のバリエーションも３種類あります。
また、ウエイトの太いものと、極細のものが収録されています。
丸いフォントでここまで太いものは珍しく、
読みやすい字体で、幅広い場面で活躍できます。

商用利用可

Win Mac

TrueType

ひらがな	○
カタカナ	○
漢 字	4,972 文字
数 字	○
欧 文	○

あア明
black / heavy

東1-あ01a
bold / medium

制作にすぐ使えるぞ
regular / light

ABCDEFGHIJKLMNOPQRSTUVW
abcdefghijklmnopqrstuvwxyz
1234567890@.,!?

同人制作・ノンデザイナーの
ためのフォント入門チップス
（超カンタン？ ロゴメイキング）
フリーフォントだけで、ここまでできます。本文・レイアウト
の基本から、魅せる・かっこいい・かわいいロゴデザインまで。

自家製 Rounded M⁺ Medium 13Q 行間

　あのイーハトーヴォのすきとおった風、夏でも底に冷たさをもつ青いそら、うつく
しい森で飾られたモリーオ市、郊外のぎらぎらひかる草の波。　またそのなかでいっ
しょになったたくさんのひとたち、ファゼーロとロザーロ、羊飼のミーロや、顔の赤
いこどもたち、地主のテーモ、山猫博士のボーガント・デストゥパーゴなど、いまこ
の暗い巨きな石の建物のなかで考えていると、みんなむかし風のなつかしい青い幻
燈のように思われます。

IPAexゴシック

情報処理推進機構（IPA） ▶ https://moji.or.jp

TrueType

ひらがな	○
カタカナ	○
漢　字	○
数　字	○
欧　文	○

P147「IPAex 明朝」と同じく、オープンソースフォントの代表格。
かっちりした真面目な印象で、空白の多いデザインや
夜空のシーンの白抜き文字で映えるフォントです。
学術系、デザイン系の本のタイトルや見出し、
タイポグラフィなど、使い勝手のよさも特徴です。

あア明

東1-あ01a

制作にすぐ使えるぞ

ABCDEFGHIJKLMNOPQRSTUV
abcdefghijklmnopqrstuvwxyz
1234567890@.,!?

同人制作・ノンデザイナーのためのフォント入門チップス（超カンタン？ ロゴメイキング）

フリーフォントだけで、ここまでできます。本文・レイアウトの基本から、魅せる・かっこいい・かわいいロゴデザインまで。

IPAex ゴシック Regular 13Q 行間 19

　あのイーハトーヴォのすきとおった風、夏でも底に冷たさをもつ青いそら、うつくしい森で飾られたモリーオ市、郊外のぎらぎらひかる草の波。　またそのなかでいっしょになったたくさんのひとたち、ファゼーロとロザーロ、羊飼のミーロや、顔の赤いこどもたち、地主のテーモ、山猫博士のボーガント・デストゥパーゴなど、いまこの暗い巨きな石の建物のなかで考えていると、みんなむかし風のなつかしい青い幻燈のように思われます。

源暎ぽっぷる

御琥祢屋 ▶ https://okoneya.jp/font

TrueType

テロップや見出し、セリフに向いている手書き感のあるフォント。
ひらがな、カタカナ、英数字は通常よりもさらにフリーハンドっぽく、
ゴシック体の持つ力強さと可読性に、やわらかさを加えています。
角がやわらかく単体でも使いやすい漢字は、約7,000字を収録。
「は？」「あ？」などのセリフで絶大な効果を発揮します。

ひらがな	○
カタカナ	○
漢　字	約7,000文字
数　字	○
欧　文	○

あア明
東1-あ01a
制作にすぐ使えるぞ

ABCDEFGHIJKLMNOPQRSTUVW
abcdefghijklmnopqrstuvwxyz
1234567890@.,!?

同人制作・ノンデザイナーのためのフォント入門チップス（超カンタン？ ロゴメイキング）フリーフォントだけで、ここまでできます。本文・レイアウトの基本から、魅せる・かっこいい・かわいいロゴデザインまで。

源暎ぽっぷる　20Q 行間29

あのイーハトーヴォのすきとおった風、夏でも底に冷たさをもつ青いそら、うつくしい森で飾られたモリーオ市、郊外のぎらぎらひかる草の波。　またそのなかでいっしょになったたくさんのひとたち、ファゼー

源暎Nuゴシック

御琥祢屋 ▶ https://okoneya.jp/font

太字ですが、すっきりとスマートな印象を与えてくれます。
強調セリフのほか、映像のテロップやプレゼン資料にも便利です。
マンガのセリフでたびたび使われる「!!」「!?」のほか、
「え＋゛」などの濁点母音も簡単に使えるようになっており、
同人マンガでの使い勝手が非常によい書体です。

商用利用可

Win Mac

TrueType

ひらがな	○
カタカナ	○
漢 字	約12,000文字
数 字	○
欧 文	○

表紙タイトル向け

本文向け

漫画セリフ向け

欧文向け

あア明
東1-あ01a
制作にすぐ使えるぞ
ABCDEFGHIJKLMNOPQRSTU
abcdefghijklmnopqrstuvwxyz
1234567890@.,!?

同人制作・ノンデザイナーのためのフォント入門チップス（超カンタン？ ロゴメイキング）フリーフォントだけで、ここまでできます。本文・レイアウトの基本から、魅せる・かっこいい・かわいい口ゴデザインまで。

源暎Nuゴシック EB 20Q 行間29

　あのイーハトーヴォのすきとおった風、夏でも底に冷たさをもつ青いそら、うつくしい森で飾られたモリーオ市、郊外のぎらぎらひかる草の波。またそのなかでいっしょになったたくさんのひとた

源暎アンチック

御琥祢屋 ▶ https://okoneya.jp/font

TrueType

ひらがな、カタカナがアンチック体で漢字がゴシック体という、
マンガで使われる「アンチゴチ」の組み合わせです。
叫び声などで需要のある濁点付き仮名も、ひらがな、カタカナの
両方で用意されており、面倒な設定なしにマンガをつくりたい人は、
とりあえずダウンロードしておくと便利です。

ひらがな	○
カタカナ	○
漢　字	○
数　字	○
欧　文	○

あ ア 明

東1-あ01a

制作にすぐ使えるぞ

ABCDEFGHIJKLMNOPQRSTUVW
abcdefghijklmnopqrstuvwxyz
1234567890@.,!?

源暎アンチック v5　20Q 行間 29

　あのイーハトーヴォのすきとおった風、夏でも底に冷
たさをもつ青いそら、うつくしい森で飾られたモリーオ
市、郊外のぎらぎらひかる草の波。　またそのなかでいっ
しょになったたくさんのひとたち、ファゼーロとロザーロ、

同人制作・ノンデザイナーの
ためのフォント入門チップス
（超カンタン？ ロゴメイキング）
フリーフォントだけで、ここまでできます。本文・レイアウト
の基本から、魅せる・かっこいい・かわいいロゴデザインまで。

源暎ラテゴ

御琥祢屋 ▶ https://okoneya.jp/font

ラテン体フォントをベースに、
「源暎ゴシック」の漢字を組み合わせたデザインです。
マンガ制作で使うことを想定して作られており、
ロゴやテロップ、セリフなどで大きく使っても
スッキリとした印象を与えてくれます。

| 商用利用可 |
| Win | Mac |

TrueType

ひらがな	----------	○
カタカナ	----------	○
漢 字	----------	○
数 字	----------	○
欧 文	----------	○

あア明

東1- あ01a

制作にすぐ使えるぞ

ABCDEFGHIJKLMNOPQRSTU
abcdefghijklmnopqrstuvwxyz
1234567890@.,!?

同人制作・ノンデザイナーのためのフォント入門チップス（超カンタン？ ロゴメイキング）

フリーフォントだけで、ここまでできます。 本文・レイアウトの基本から、魅せる・かっこいい・かわいいロゴデザインまで。

源暎ラテゴ v2　20Q 行間 29

　あのイーハトーヴォのすきとおった風、夏でも底に冷たさをもつ青いそら、うつくしい森で飾られたモリーオ市、郊外のぎらぎらひかる草の波。　またそのなかでいっしょになったたくさんのひとたち、

りいポップ角

りいのフォント ▶ https://aoirii.babyblue.jp/font

「女の子っぽいポップ体」をコンセプトに作られた、
親しみやすくて楽しい雰囲気のフォントです。
手書きの丸文字風のかわいさがあり、縦書きにもしっかり対応。
漢字は JIS 第一水準および第二水準の 6,300 字以上を収録しています。
お天気マークも収録しており、子どもの絵日記風のシーンに便利です。

商用利用可

Win　Mac

OpenType

ひらがな	○
カタカナ	○
漢　字	6,355 文字
数　字	○
欧　文	○

あア明
東1-あ01a
制作にすぐ使えるぞ

ABCDEFGHIJKLMNOPQRSTUVW
abcdefghijklmnopqrstuvwxyz
1234567890@.,!?

同人制作・ノンデザイナーのためのフォント入門チップス（超カンタン？ ロゴメイキング）フリーフォントだけで、ここまでできます。本文・レイアウトの基本から、魅せる・かっこいい・かわいいロゴデザインまで。

りいポップ角 20Q 行間 29

　　あのイーハトーヴォのすきとおった風、夏でも底に冷たさをもつ青いそら、うつくしい森で飾られたモリーオ市、郊外のぎらぎらひかる草の波。　またそのなかでいっしょになったたくさんのひとたち、ファゼーロとロザーロ、

しっぽりアンチック

フォントダスオリジナル ▶ https://fontdasu.com

大正時代に生まれた由緒正しいアンチック体
「築地体」をベースに肉付けをして粘りを効かせたかな文字と、
「源ノ角ゴシック」に丸みを持たせ角立てした
源石ゴシックの漢字を組み合わせたアンチゴチの組み合わせ。
作品にさりげないこだわりを持たせたい人向きのフォントです。

商用利用可
Win Mac
OpenType / TrueType

ひらがな	○
カタカナ	○
漢　字	記載なし
数　字	○
欧　文	○

表紙タイトル向け

本文向け

漫画セリフ向け

欧文向け

あア明
東1-あ01a
制作にすぐ使えるぞ

ABCDEFGHIJKLMNOPQRSTU
abcdefghijklmnopqrstuvwxyz
1234567890@.,!?

同人制作・ノンデザイナーのためのフォント入門チップス（超カンタン？ロゴメイキング）フリーフォントだけで、ここまでできます。本文・レイアウトの基本から、魅せる・かっこいい・かわいいロゴデザインまで。

しっぽりアンチック 20Q 行間29

　あのイーハトーヴォのすきとおった風、夏でも底に冷たさをもつ青いそら、うつくしい森で飾られたモリーオ市、郊外のぎらぎらひかる草の波。　またそのなかでいっしょになったたくさんのひとたち、ファ

やさしさアンチック

フォントな ▶ http://www.fontna.com

商用利用可
Win　　Mac
OpenType / TrueType

普通のアンチック体よりも太さの差が少なく、
漢字との統一感が高いという特徴を持ちます。
やさしくてスッキリした印象を与えてくれるこのフォントは、
マンガのセリフのほか、辞書の見出し、絵本などにも向いています。
商用、非商用にかかわらず自由に使用できます。

ひらがな	○
カタカナ	○
漢　字	6,355文字
数　字	○
欧　文	○

あア明

東1-あ01a

制作にすぐ使えるぞ

ABCDEFGHIJKLMNOPQRSTUVW
abcdefghijklmnopqrstuvwxyz
1234567890@.,!?

同人制作・ノンデザイナーの
ためのフォント入門チップス
（超カンタン？　ロゴメイキング）
フリーフォントだけで、ここまでできます。本文・レイアウト
の基本から、魅せる・かっこいい・かわいいロゴデザインまで。

やさしさアンチック　20Q 行間29

　　あのイーハトーヴォのすきとおった風、夏でも底に冷
たさをもつ青いそら、うつくしい森で飾られたモリーオ
市、郊外のぎらぎらひかる草の波。　　またそのなかで
いっしょになったたくさんのひとたち、ファゼーロとロ

やさしさゴシック

フォントな ▶ http://www.fontna.com

ほんのりとした手書ききらしさと、デジタルの見やすさが合わさった、
名前の通り "やさしさ" が感じられるフォントです。
見出しでも本文でも、ほんのりとかわいい印象が加わります。
バリエーションは、ボールドと手書きを含めて３種類あり、
同人誌やバナー、サムネイルなどで用途に合わせて使い分けられます。

商用利用可

Win　Mac

OpenType / TrueType

ひらがな	○
カタカナ	○
漢　字	6,355 文字
数　字	○
欧　文	○

表紙タイトル向け

本文向け

漫画セリフ向け

欧文向け

あア明

東１-あ01a

制作にすぐ使えるぞ

ABCDEFGHIJKLMNOPQRSTUVWX
abcdefghijklmnopqrstuvwxyz
1234567890@.,!?

同人制作・ノンデザイナーの
ためのフォント入門チップス
（超カンタン？ ロゴメイキング）

フリーフォントだけで、ここまでできます。本文・レイアウト
の基本から、魅せる・かっこいい・かわいいロゴデザインまで。

しっぽりアンチック　20Q 行間 29

　あのイーハトーヴォのすきとおった風、夏でも底
に冷たさをもつ青いそら、うつくしい森で飾られた
モリーオ市、郊外のぎらぎらひかる草の波。　　ま
たそのなかでいっしょになったたくさんのひとたち、

232MKSD

Maniackers Design ▶ https://mksd.jp

商用利用可（条件あり）
Win　Mac
OpenType

ABCDEFG

| RoundBlack | RoundBold | RoundMedium | RoundLight | RoundThin |

HIJKLMNOPQRSTUVWXYZ

abcdefghijklmnopqrstuvwxyz

1234567890.,!?

244Vollmond

Maniackers Design ▶ https://mksd.jp

商用利用可（条件あり）
Win　Mac
TrueType

ABCDE

FGHIJKLMNOPQRSTUVWXYZ

abcdefghijklmnopqrstuvwxyz

1234567890.,!?

表紙タイトル向け

漫画セリフ向け

小説本文向け

欧文向け

Hachipochi

Maniackers Design ▶ https://mksd.jp

TrueType

ABCDEF
GHIJKLMNOPQRSTUVWXYZ
abcdefghijklmnopqrstuvwxyz
1234567890.,!?

Hyonnakotokara

Maniackers Design ▶ https://mksd.jp

TrueType

ABCDEFGH
IJKLMNOPQRSTUVWXYZ
abcdefghijklmnopqrstuvwxyz
1234567890.,!?

表紙タイトル向け
漫画セリフ向け
小説本文向け
欧文向け

Exposition

商用利用可（条件あり）

Win　Mac

TrueType

ガウプラ ▶ https://www.graphicartsunit.com/gaupra/font_a.html

| white | Regular |

HIJKLMNOPQRSTUVWXYZ

abcdefghijklmnopqrstuvwxyz

1234567890..!?

Rubber Soul

商用利用可（条件あり）

Win　Mac

TrueType

ガウプラ ▶ https://www.graphicartsunit.com/gaupra/font_a.html

ABCDE
FGHIJKLMNOPQRSTUVW
XYZ
abcdefghijklmnopqrst
uvwxyz
1234567890.,!?

欧文向け

小説本文向け

漫画セリフ向け

表紙タイトル向け

White Base

ガウプラ ▶ https://www.graphicartsunit.com/gaupra/font_a.html

TrueType

ABCD

EFGHIJKLMNOPQRSTU
VWXYZ
abcdefghijklmnopqrstu
vwxyz
1234567890.,!?

Milk Choco

ガウプラ ▶ https://www.graphicartsunit.com/gaupra/font_a.html

TrueType

ABCDE

FGHIJKLMNOPQRSTU
VWXYZ
abcdefghijklmnopqrs
tuvwxyz
1234567890.,!?

fontopo NEUTRAL

Fontopo ▶ https://fontopo.com

OpenType

ABCDEFG
HIJKLMNOPQRSTUVWXYZ
abcdefghijklmnopqrstuvwxyz
1234567890.,!?

fontopo FONTOPO Regular

Fontopo ▶ https://fontopo.com

商用利用可
Win　Mac

OpenType

ABCDEFG
HIJKLMNOPQRSTUVWXYZ
abcdefghijklmnopqrstuvwxyz
1234567890.,!?

Rubik

Google fonts ▶ https://fonts.google.com/

TrueType

| Black | Black | Bold | SemiBold | Medium | Regular | Light |

HIJKLMNOPQRSTUVWXYZ
abcdefghijklmnopqrstuvwxyz
1234567890.,!?

Jost

Google fonts ▶ https://fonts.google.com/

TrueType

| Bold | Medium | Regular | Light | ExtraLight | Thin |

GHIJKLMNOPQRSTUVWXYZ
abcdefghijklmnopqrstuvwxyz
1234567890.,!?

表紙タイトル向け

漫画セリフ向け

小説本文向け

欧文向け

Croissant One

Google fonts ▶ https://fonts.google.com/

TrueType

ABCDEF
GHIJKLMNOPQRSTUVWXYZ
abcdefghijklmnopqrstuvwxyz
1234567890.,!?

BEBAS NEUE

Google fonts ▶ https://fonts.google.com/

TrueType

ABCDEFGH
IJKLMNOPQRSTUVWXYZ
ABCDEFGHIJKLMNOPQRSTUVWXYZ
1234567890.,!?

Meie Script

Google fonts ▶ https://fonts.google.com/

商用利用可
Win　Mac

TrueType

ABCDE

FGHIJKLMNOPQRSTUVWXYZ

abcdefghijklmnopqrstuvwxyz

1234567890.,!?

Pacifico

Google fonts ▶ https://fonts.google.com/

商用利用可
Win　Mac

TrueType

ABCDE

FGHIJKLMNOPQRSTUVWXYZ

abcdefghijklmnopqrstuvwxyz

1234567890.,!?

フリーフォント早見表

OS
W…Windows
M…macOS

形式（ファイル形式）
O…Open Type
T…True Type

対応文字種
ひ…平仮名
カ…カタカナ
漢…漢字
数…数
欧…欧文

商用
OK…商用利用 OK
同人…商用利用 NG だが、同人活動での利用は OK
条件…商用利用の場合の条件あり

※「商用利用 OK」のフォントについても、何も条件がない
という意味ではありません。利用する前に、必ず利用規約
をご確認ください。

フォント名	OS	形式	ひ	カ	漢	数	欧	商用	掲載ページ
バナナスリップ plus	W/M	O	○	○	○	○	○	OK	48
ぱぐのみんちょ mini 版	W/M	O	○	○	○	×	×	同人	49
やわらかドラゴン mini 版	W/M	O	○	○	○	×	×	同人	50
ティラノゴチ mini 版	W/M	O	○	○	○	×	×	同人	51
かなりあ mini 版	W/M	O	○	○	○	×	×	同人	52
こまどり mini 版	W/M	O	○	○	○	×	×	同人	53
金魚ランタン mini 版	W/M	O	○	○	○	×	×	同人	54
マキナス4	W/M	O	○	○	○	○	○	OK	55
マメロン	W/M	O	○	○	○	○	○	OK	56
トガリテ	W/M	O	○	○	○	○	○	OK	57
ロンドB	W/M	O	○	○	○	○	○	OK	58
廻想体ネクストUPB	W/M	O/T	○	○	○	○	○	OK	59
金畫字	W/M	O/T	○	○	○	○	○	OK	60
ピグモ01	W/M	O	○	○	○	○	○	OK	61
黒薔薇ゴシック	W/M	T	○	○	○	○	○	OK	62

フォント名	OS	形式	対応文字種					商用	掲載ページ
			ひ	カ	漢	数	欧		
黒薔薇シンデレラ	W/M	T	○	○	○	○	○	OK	63
赤薔薇シンデレラ	W/M	T	○	○	○	○	○	OK	64
いろはマル	W/M	T	○	○	○	○	○	OK	65
めもわーる	W/M	O	○	○	×	○	○	OK	66
せのびゴシック	W/M	T	○	○	○	○	○	OK	67
木漏れ日ゴシックP	W/M	T	○	○	×	○	○	OK	68
PixelMplus	W/M	T	○	○	○	○	○	OK	69
うつくし明朝体	W/M	O	○	○	○	○	○	条件	70
源界明朝	W/M	O	○	○	○	○	○	OK	71
装甲明朝	W/M	O	○	○	○	○	○	OK	72
かんじゅくゴシック	W/M	O	○	○	○	○	○	OK	73
スマートフォントUI	W/M	O	○	○	○	○	○	OK	74
きずなドロップス	W/M	O	○	○	×	×	×	同人	75
ビースト明朝mini	W/M	O	○	○	×	×	×	同人	76
刻明朝	W/M	O	○	○	○	○	○	OK	77
こども丸ゴシック	W/M	O	○	○	○	○	○	OK	78
ぼくたちのゴシック	W/M	O	○	○	○	○	○	OK	79
ニクキュウ	W/M	O	×	○	×	×	×	OK	80
オリエンタル	W/M	O	×	○	×	×	×	OK	81
ドーナツショップ	W/M	O/T	○	○	×	×	×	OK	82
たんぽぽ	W/M	O/T	○	×	×	×	×	条件	83
しろうさぎ	W/M	O/T	○	×	×	×	×	条件	84
クサナギ	W/M	O/T	×	○	×	×	×	条件	85

フォント名	OS	形式	対応文字種 ひ	カ	漢	数	欧	商用	掲載ページ
カリン91	W/M	O/T	×	○	×	×	×	条件	86
リラックス	W/M	O/T	×	○	×	×	×	条件	87
アトミック	W/M	O/T	×	○	×	×	×	条件	88
カナ0816	W/M	O/T	×	○	×	×	×	条件	89
ホリデイMDJP05	W/M	O	○	○	○	○	○	条件	90
いかほ	W/M	O	○	○	×	○	○	条件	91
ショウタロウV3	W/M	O	×	○	×	○	○	条件	92
らんち	W/M	T	○	○	×	×	×	条件	93
タイプカンタービレ	W/M	T	×	○	×	×	×	条件	94
よにもふしぎなひらがな	W/M	T	○	×	×	×	×	条件	95
NIHONBASHI	W/M	T	×	○	×	○	○	条件	96
ポップポップ	W/M	O	×	○	×	×	×	条件	97
ドリップ	W/M	T	×	○	×	×	×	条件	98
チェリーチェリー	W/M	T	×	○	×	×	×	条件	99
うらら	W/M	O	○	×	×	×	×	OK	100
カタカナボーイ	W/M	O	×	○	×	×	×	OK	101
ぼーら	W/M	O	○	×	×	×	×	OK	102
吐き溜め	W/M	T	○	○	○	○	○	OK	103
FGUI源Regular	W/M	O	○	○	○	○	○	OK	104
FGミライ連	W/M	O	○	○	○	○	○	OK	105
FGミディアムオールド半角	W/M	O	○	○	○	○	○	OK	106
焚火	W/M	O	○	○	○	○	○	OK	107
焔明朝	W/M	O	○	○	○	○	○	OK	108

フォント名	OS	形式	対応文字種					商用	掲載ページ
			ひ	カ	漢	数	欧		
棘ゴシック	W/M	O	○	○	○	○	○	OK	109
棘薔薇	W/M	O	○	○	○	○	○	OK	110
マンクス カドマル	W/M	O	×	○	×	×	×	同人	111
バーミーズ	W/M	O	×	○	×	×	×	同人	112
おりがみ	W/M	O	○	○	×	○	×	同人	113
ネオンチューブ	W/M	O	×	○	×	○	×	同人	114
サウスフィールド	W/M	O	×	○	×	×	×	同人	115
リボン	W/M	O	×	○	×	×	×	同人	116
ウィーディ	W/M	O	×	○	×	×	×	同人	117
ヤナギ	W/M	O	×	○	×	×	×	同人	118
ラバーマ	W/M	O	×	○	×	×	×	同人	119
幻ノにじみ明朝	W/M	O	○	○	○	○	○	OK	120
ラノベポップ	W/M	O	○	○	○	○	○	OK	121
にくまるフォント	W/M	O	○	○	○	○	○	OK	122
ふぉんとうは怖い明朝体	W/M	O	○	○	○	○	○	OK	123
ロゴたいぷゴシック	W/M	O	○	○	○	○	○	OK	124
ロゴたいぷゴシック コンデンスド	W/M	O	○	○	○	○	○	OK	125
mini- わくわく	W/M	O	○	○	×	○	○	OK	126
kawaii 手書き文字	W/M	T	○	○	○	○	○	OK	127
ニコモジ＋	W/M	T	○	○	○	○	○	条件	128
ニコ角	W/M	T	○	○	○	○	○	条件	129
ふい字	W/M	T	○	○	○	○	○	OK	130
851 テガキカクット	W/M	T	○	○	○	○	○	OK	131

フォント名	OS	形式	対応文字種					商用	掲載ページ
			ひ	カ	漢	数	欧		
851 チカラヨワク	W/M	T	○	○	○	○	○	OK	132
851 チカラヅヨク	W/M	T	○	○	○	○	○	OK	133
しろくまフォント	W/M	O	○	○	○	○	○	OK	134
あんずもじ	W	T	○	○	○	○	○	OK	135
昔々ふぉんと	W/M	T	○	○	○	○	○	OK	136
夜すがら手書きフォント	W/M	T	○	○	○	○	○	OK	137
クラフト明朝	W/M	O	○	○	○	○	○	条件	138
エビハラのくせ字	W/M	T	○	○	○	○	○	条件	139
源暎ちくご明朝	W/M	T	○	○	○	○	○	OK	140
源暎こぶり明朝	W/M	T	○	○	○	○	○	OK	141
しっぽり明朝	W/M	O/T	○	○	○	○	○	OK	142
錦源明朝	W/M	O	○	○	○	○	○	OK	143
さらら明朝	W/M	O	○	○	○	○	○	OK	144
霧明朝	W/M	O	○	○	○	○	○	OK	145
はんなり明朝	W/M	O	○	○	○	○	○	OK	146
IPAex 明朝	W/M	T	○	○	○	○	○	OK	147
源暎モノゴ	W/M	T	○	○	○	○	○	OK	148
Mgen$^+$	W/M	O	○	○	○	○	○	OK	149
源真ゴシック	W/M	T	○	○	○	○	○	OK	150
源柔ゴシック	W/M	T	○	○	○	○	○	OK	151
自家製 Rounded M$^+$	W/M	T	○	○	○	○	○	OK	152
IPAex ゴシック	W/M	T	○	○	○	○	○	OK	153
源暎ぽっぷる	W/M	T	○	○	○	○	○	OK	154

フォント名	OS	形式	対応文字種					商用	掲載ページ
			ひ	カ	漢	数	欧		
源暎 Nu ゴシック	W/M	T	○	○	○	○	○	OK	155
源暎アンチック	W/M	T	○	○	○	○	○	OK	156
源暎ラテゴ	W/M	T	○	○	○	○	○	OK	157
りいポップ角	W/M	O	○	○	○	○	○	OK	158
しっぽりアンチック	W/M	O/T	○	○	○	○	○	OK	159
やさしさアンチック	W/M	O/T	○	○	○	○	○	OK	160
やさしさゴシック	W/M	O/T	○	○	○	○	○	OK	161
232MKSD	W/M	O	×	×	×	○	○	条件	162
244Vollmond	W/M	T	×	×	×	○	○	条件	162
Hachipochi	W/M	T	×	×	×	○	○	条件	163
Hyonnakotokara	W/M	T	×	×	×	○	○	条件	163
Exposition	W/M	T	×	×	×	○	○	条件	164
Rubber Soul	W/M	T	×	×	×	○	○	条件	164
White Base	W/M	T	×	×	×	○	○	条件	165
Milk Choco	W/M	T	×	×	×	○	○	条件	165
fontopoNEUTRAL	W/M	O	×	×	×	○	○	OK	166
fontopoRegular	W/M	O	×	×	×	○	○	OK	166
Rubik	W/M	T	×	×	×	○	○	OK	167
Jost	W/M	T	×	×	×	○	○	OK	167
Croissant One	W/M	T	×	×	×	○	○	OK	168
BEBAS NEUE	W/M	T	×	×	×	○	○	OK	168
Meie Script	W/M	T	×	×	×	○	○	OK	169
Pacifico	W/M	T	×	×	×	○	○	OK	169

制作スタッフ

［カバーイラスト］　山田しぶ
［作例イラスト・漫画］　さく（P22）、aston（P23）、海星なび（P26）、内海痣（P28,36）、
　　　　　　　　　　　　かんようこ（P30）、石川香絵（P32,38）、新葉ゆあ（P34）
［デザイン・DTP］　FLY
［制作・執筆協力］　株式会社サイドランチ、yumimei
［編集長］　後藤憲司
［編集］　大拔薫

フリーフォント便利帳
同人制作・ノンデザイナーのためのフォント入門TIPS

2023年4月1日　初版第1刷発行

［著者］　FLY
［発行人］　山口康夫
［発行］　株式会社 エムディエヌコーポレーション
　　　　　〒101-0051　東京都千代田区神田神保町一丁目105番地
　　　　　https://books.MdN.co.jp/
［発売］　株式会社インプレス
　　　　　〒101-0051　東京都千代田区神田神保町一丁目105番地
［印刷・製本］　日経印刷株式会社

カスタマーセンター

造本には万全を期しておりますが、万一、落丁・乱丁などがございましたら、送料小社負担
にてお取り替えいたします。お手数ですが、カスタマーセンターまでご返送ください。

● 落丁・乱丁本などのご返送先　〒101-0051　東京都千代田区神田神保町一丁目105番地
　　　　　　　　　　　　　　　株式会社エムディエヌコーポレーション カスタマーセンター
　　　　　　　　　　　　　　　TEL：03-4334-2915
● 書店・販売店のご注文受付　株式会社インプレス　受注センター
　　　　　　　　　　　　　　　TEL：048-449-8040／FAX：048-449-8041

内容に関するお問い合わせ先

株式会社エムディエヌコーポレーション　カスタマーセンター メール窓口
info@MdN.co.jp

本書の内容に関するご質問は、Eメールのみの受付となります。メールの件名は「フリーフォント便利帳　同
人制作・ノンデザイナーのためのフォント入門TIPS　質問係」とお書きください。電話やFAX、郵便でのご
質問にはお答えできません。ご質問の内容によりましては、しばらくお時間をいただく場合がございます。
また、本書の範囲を超えるご質問に関しましてはお答えいたしかねますので、あらかじめご了承ください。

ISBN978-4-295-20486-2